动物王国探秘

动物本领

谢宇 主编

花山文艺出版社

河北·石家庄

图书在版编目（CIP）数据

动物本领 / 谢宇主编. -- 石家庄：花山文艺出版社，2013.4（2022.2重印）
（动物王国探秘）
ISBN 978-7-5511-0895-9

Ⅰ.①动… Ⅱ.①谢… Ⅲ.①动物－青年读物②动物－少年读物 Ⅳ.①Q95-49

中国版本图书馆CIP数据核字(2013)第080222号

丛 书 名：	动物王国探秘
书 名：	动物本领
主 编：	谢 宇
责任编辑：	冯 锦
封面设计：	慧敏书装
美术编辑：	胡彤亮
出版发行：	花山文艺出版社（邮政编码：050061）
	（河北省石家庄市友谊北大街 330号）
销售热线：	0311-88643221
传 真：	0311-88643234
印 刷：	北京一鑫印务有限责任公司
经 销：	新华书店
开 本：	880×1230 1/16
印 张：	10
字 数：	170千字
版 次：	2013年5月第1版
	2022年2月第2次印刷
书 号：	ISBN 978-7-5511-0895-9
定 价：	38.00元

（版权所有　翻印必究·印装有误　负责调换）

前 言

动物是生命的主要形态之一,已经在地球上存在了至少5.6亿年。现今地球上已知的动物种类约有150万种。不管是冰天雪地的南极,干旱少雨的沙漠,还是浩渺无边的海洋、炽热无比的火山口,它们都能奇迹般地生长、繁育,把世界塑造得生机勃勃。

但是,你知道吗?动物也会"思考",动物也有属于自己王国的"语言",它们也有自己的"族谱"。它们有的是人类的朋友,有的却会给人类的健康甚至生命造成威胁。"动物王国探秘"丛书分为《两栖爬行动物》《哺乳动物》《海洋动物》《鱼类》《鸟类》《恐龙家族》《昆虫》《动物谜团》《珍奇动物》《动物本领》十本。书中介绍了不同动物的不同特点及特性,比如,变色龙为什么能变色?蜘蛛网为什么粘不住蜘蛛?鲤鱼为什么喜欢跳水?……还有关于动物世界的神奇现象与动物自身的神奇本领,比如,大象真的会复仇吗?海豚真的会领航吗?蜈蚣真的会给自己治病吗?……

为了让青少年朋友对动物王国的相关知识有更好的了解,我们对书中的文字以及图片都做了精心的筛选,对选取的每一种动物的形态、特征、生活习性及智慧都做了详细的介绍。这样,我们不仅能更加近距离地感受到动物的迷人、可爱,还能更加深刻地感受到动物的智慧与神奇。打开丛书,你将会看到一个奇妙的动物世界。

丛书融科学性、知识性和趣味性于一体，不仅可以使青少年学到更多的知识，而且还可以使他们更加热爱科学，从而激励他们在科学的道路上不断前进、不断探索！同时，丛书还设置了许多内容新颖的小栏目，不仅能培养青少年的学习兴趣，还能开阔他们的视野，扩充他们的知识量。

编者

2013年3月

目 录

动物的情感

超越生命的母爱 ………………………………………… 1

花样百出的求爱方式 …………………………………… 3

动物复仇之谜

大象复仇 ………………………………………………… 6

豹复仇 …………………………………………………… 8

野牛复仇 ………………………………………………… 9

小狗复仇 ………………………………………………… 10

智慧的报复 ……………………………………………… 11

奇特的动物葬礼 ………………………………………… 12

猎豹的"顺从"与"失恋" ……………………………… 14

海豚救人 ………………………………………………… 16

海豚领航记 ……………………………………………… 18

动物生存有术

动物消暑奇招 …………………………………………… 21

动物的体色与环境 ……………………………………… 24

动物躯体的再生能力…………………………………… 26

老马识途………………………………………………… 30

狼的智慧和处世天性…………………………………… 31

鬣狗的生存之道………………………………………… 33

刺猬……………………………………………………… 34

野骆驼的"空调器"……………………………………… 36

会模仿的枯叶蝶………………………………………… 38

撒尿捕猎的貂熊………………………………………… 40

蚂蚁独特的才能………………………………………… 42

先出触角的蜗牛………………………………………… 44

动物的学习能力

动物界出色的"老师"…………………………………… 45

动物的学习行为………………………………………… 47

动物教子有方…………………………………………… 49

企鹅"托儿所"…………………………………………… 50

识数的动物……………………………………………… 53

"心有灵犀"的动物……………………………………… 54

会挣钱的大象…………………………………………… 56

绵羊也会对你笑………………………………………… 58

猪的智慧 …………………………………… 59

能干的猴子 ………………………………… 61

狒狒放牧 …………………………………… 62

黑猩猩的智慧 ……………………………… 63

狗的学习能力 ……………………………… 64

动物的生存智慧

会说谎的动物 ……………………………… 67

兔子的智慧 ………………………………… 69

蚂蚁认路 …………………………………… 71

海洋里的"大夫"们 ………………………… 73

沙漠动物的觅水本领 ……………………… 75

狼群的分食原则 …………………………… 77

残酷的公狼决斗 …………………………… 78

大象跺脚传递信息 ………………………… 80

缝纫专家——缝叶莺 ……………………… 81

动物的巢穴与房屋 ………………………… 83

动物猎食,各显神通 ……………………… 85

动物的觅食智慧 …………………………… 86

红眼豹捕食先声夺人 ……………………… 88

鹊鸲"仿声"诱敌 …………………………………… 89

苍鹭伪装捕食 ……………………………………… 90

聪明的食蚁兽 ……………………………………… 91

鹈鹕团结捕食 ……………………………………… 92

捉蛇能手——雕鹗 ………………………………… 94

豺狗的捕食智慧 …………………………………… 95

螳螂捕食 …………………………………………… 97

北极熊的捕食策略 ………………………………… 99

狡猾的赤狐 ………………………………………… 100

狐狸 ………………………………………………… 102

猴子 ………………………………………………… 103

昆虫的自卫方法 …………………………………… 104

斑马的自我牺牲精神 ……………………………… 107

麻雀拟伤 …………………………………………… 108

胡须弹涂鱼扮小丑求爱 …………………………… 110

角马的"调包计" …………………………………… 111

会"金蝉脱壳"的睡鼠 ……………………………… 113

天蛾"偷梁换柱" …………………………………… 114

狡猾的狐狸 ………………………………………… 116

白狐：深挖洞，广积粮 …………………………… 118

动物界的共生现象

寄居蟹与沙蚕、海葵 ………………………………… 120

棕啄木鸟与树蚁 ……………………………………… 122

蜜鸟与食蜜鸟 ………………………………………… 123

动物们的防御战术

逃跑 …………………………………………………… 124

化学防御 ……………………………………………… 125

模仿其他动物 ………………………………………… 126

喷射防御 ……………………………………………… 127

其他防御 ……………………………………………… 128

"父母典范"——东方环颈鸻 ………………………… 129

动物的医病妙法

天然药材 ……………………………………………… 133

物理疗法 ……………………………………………… 139

截肢手术 ……………………………………………… 141

复位治疗 ……………………………………………… 143

自我治疗 ……………………………………………… 144

寻找"医生" …………………………………………… 145

动物也能当"福尔摩斯"

警犬勇擒毒枭 …………………………………………… 146

猴子确认真凶 …………………………………………… 148

鸽子绝处报案 …………………………………………… 150

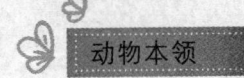

动物的情感

超越生命的母爱

　　某医学院要用成年小白鼠做一种药物试验。在一群小白鼠中,有一只雌鼠的腋根部长了一个绿豆大的硬块,因而被淘汰了下来。但工作人员想了解一下硬块的性质,于是就把这只雌鼠放到了一个塑料盒中单独饲养。十几天过去了,肿块越长越大,小白鼠的腹部也逐渐大了起来,活动的时候也显得很吃力。

　　一天,工作人员突然发现,小白鼠不吃不喝,还显得非常焦躁不安。他想,小白鼠大概是寿命已尽,就转身去拿手术刀。正当他打开手术包准备解剖它时,却被眼前的景象惊呆了。

　　小白鼠艰难地转过头,死死咬住已经有拇指般大小的肿块,猛地一扯,皮肤裂开了一道口子,鲜血汩汩而流。小白鼠疼得全身颤抖,令人不寒而栗。稍后,它将身上的肿块一口一口吞食到了自己的肚子里,每咬一下,它的身体都会剧烈地痉挛。就这样,一大半肿块都被它咬下吞食了。

动物王国探秘

　　第二天一早，实验人员匆匆来到它面前，看看它是否还活着。让他们吃惊的是，小白鼠身下，居然有一堆粉红色的小鼠仔，正拼命地吮吸着乳汁，整整有10只。

　　小白鼠伤口的血已经止住了，左前肢的腋部由于扒掉了肿块，白骨外露，惨不忍睹。不过鼠妈妈的精神明显好转，活动也多了起来。

　　恶性肿瘤还在无情地折磨着小白鼠。工作人员都特别担心那群刚出生不久的小生命，一旦母亲离去，要不了几天，它们就会饿死。

　　看着10只渐渐长大的鼠仔拼命地吮吸着身患绝症、骨瘦如柴的母鼠的乳汁，工作人员的心里真不是滋味。他们知道了母鼠为什么一直在努力延长自己的生命，但不管怎样，它随时都有可能死去。

　　这一天终于来临了。在生下鼠仔第21天后的一个早晨，母鼠静静地躺在盒中间，一动不动了，10只鼠仔围在它的四周。

　　工作人员突然想起，小白鼠的断乳期是21天，也就是说，从今天起，鼠仔不需要母鼠的乳汁就能独立生活了。

　　母爱是可以超越生命的！动物的母爱也是如此伟大。

花样百出的求爱方式

动物们的生活也是颇有情调的，它们在求爱时同样懂得温柔和浪漫，在求爱的方式上更是花样百出、五花八门。

孔雀开屏为求偶

在动物园里，人们往往以为孔雀开屏是在向游人展示自己的美丽，其实这是一种误解。因为开屏是孔雀等部分鸟类的一种求偶方式。

每年4～5月是孔雀的繁殖季节，雄孔雀为了吸引雌孔雀，常将尾羽高高地竖起，宽宽地展开，看上去就像一把大圆扇，绚丽夺目，非常漂亮。

这时，雌孔雀就会根据雄孔雀尾羽的艳丽程度来选择自己的伴侣。然后，它们就开始相互交流，增进感情，最后交配产卵，共同哺育后代。

动物王国探秘

琴鸟欢歌曼舞求婚

在澳大利亚的热带森林里，生活着一种稀有珍禽，那就是琴鸟。

琴鸟通常在冬季繁殖。在繁殖期，雄鸟会以娓娓动听的歌声、优美的舞姿以及漂亮艳丽的尾羽，频频向雌鸟求爱。它一会儿站在树枝上引吭高歌，一会儿又在地面展开美丽的尾羽，不停地表演，看上去非常热情大方。当雌鸟来到它身边，雄鸟的尾羽就会朝着雌鸟快速颤动，不断地展示自己的美丽。

当雌鸟表示愿意接受雄鸟的求爱后，它俩就会双双飞走，另外再寻找栖息地进行交配。

螃蟹自筑洞房求爱

螃蟹在求爱方面最具有务实精神，它认为将"洞房"准备好是头等大事。因此，在繁殖的季节里，雄蟹在几个小时内就能在沙滩上挖出一个约60平方厘米的螺旋状的洞穴。一旦"洞房"完工，雄蟹就会满怀信心地站在洞口恭候雌蟹的到来。

只要看见远处有雌蟹，雄蟹就会欣喜若狂，并用力挥动它的钳子，好像在向远处的"新娘"招手，期待它快点到来。

雌蟹看到这种情况，就会"腼腆"地慢慢爬进"洞房"，和雄蟹一起生儿育女，传宗接代。

动物本领

蚊子翩翩起舞求伴侣

夏末秋初，大多数蚊子都到了"谈婚论嫁"的年龄，因此，它们会千方百计地寻找"婚配"的机会。宁静无风的黄昏，在树林间、河水边，我们会看到一群群蚊子在盘旋飞舞，其实这是成年雄蚊发出的求爱信号。

原来，蚊子在飞行时，每只雄蚊的特殊腺体都能散发出一种气味，几千只蚊子聚集在一起，气味就会十分浓郁，蚊子上下翻腾、翩翩起舞，就能使特殊的气味向四面八方飘散开去，这种气味一经扩散，就会把各处的雌蚊吸引过来。大多数蚊子都喜欢在风平浪静的水塘附近飞舞，以便雌蚊能到水面上去产卵，因为蚊子卵在水中能更好地生长发育。

5

动物王国探秘

动物复仇之谜

大象复仇

在我国云南的西双版纳,常有野生大象出没,它们是受到国家保护的濒危动物。一天,一个猎人发现一只鹿在河边饮水,便举起猎枪准备射杀。就在他要开枪的时候,突然传来一声怒吼,他回头一看,只见一头大象正在向他走来。

猎人认出了这头大象,因为自己前几天用枪打过这头象,可是没打中,它这是复仇来了。猎人慌忙调转枪口向大象射击,因为心里发慌,没有打中。大象愤怒地向他飞奔过来,猎人转身就跑,不料被野藤绊了个跟头,手里的猎枪也掉在了地上。

大象上去一脚就把猎枪踩断了,并用鼻子卷起来将它抛出老远。猎人乘机从地上爬起来,拼命地往前跑,可是大象在后面穷追不舍。猎人逃到一座山崖前,情急之下,他急忙抓住一根粗藤,想爬上陡崖逃命。大象扬起鼻子,把猎人卷了起来并使劲儿抛了出去,随着一声惨叫,猎人被摔死在了悬崖底下。这件事是给偷猎野动物的警示。

有关大象复仇的事还有很多。西双版纳有一个叫"刮风寨"的寨子,寨子附近有一条小河。一天,一只母象带着一只小象在河里洗澡,这时,寨子里的几个猎人发现了它们,端起猎枪就开始射击,可怜的小象刚爬上河岸就被打倒了。母象立刻狂

怒起来，号叫着跑上岸，用鼻子抚摸着小象的伤口，非常悲愤。它一会儿又跑又跳，高声咆哮着，一会儿又用鼻子把小树拱倒，直到精疲力竭才依依不舍地离开小象，一步一回头地向密林深处走去。

两天以后，这只母象带着十几头大象冲进了刮风寨，它们是来复仇的。寨子里的青壮年都到山上干活去了，留在家里的老人和孩子只好四处逃命。大象也不追赶，却把寨子里的竹楼弄得天翻地覆，然后大摇大摆地走进了森林。等村民们回到寨子以后，都责怪那些偷猎大象的猎人。

在印度阿萨姆邦一带的森林中，一头发怒的雌象在1个月内杀死了16个人，并有35人受伤，十几间茅屋被毁。原来这头50岁的母象带领它的幼象闯进甘蔗园大嚼甘蔗时，被头缠蓝色和绿色头巾的蔗农开枪射伤，幼象当场死亡。这头母象的身体痊愈后，便开始对那一带的居民发起攻击，并且把头缠蓝色和绿色头巾的人当作主要攻击对象。

豹复仇

在印度,还发生过豹报复猎人的事件。居住在卡查尔大森林的一个猎人,在上山打猎时,杀死了两只还在吃奶的小豹子,从而激怒了母豹,它偷偷地跟在猎人身后,记住了他的住址,等待机会报仇。

两天以后,这个猎人的妻子到靠近森林的田地里干活,还带着他们两岁的儿子。正当她低头干活时,忽然听到了孩子的呼叫声。她抬头一看,只见一只豹叼着自己的孩子飞快地跑进了森林,尽管她拼命地追赶,还是没有追上。

三年过去了,那个猎人在山上打死了一只母豹,在豹穴里,他发现了两只幼豹和一个活着的男孩。经过仔细辨认,他发现这个男孩正是三年前被母豹抢走的自己的儿子。这是母豹对他的报复。

野牛复仇

在动物世界里，野牛也有很强的报复心理。在非洲的肯尼亚，有个年轻人刚学会使用猎枪就去打猎。他躲在山坡的小树林里想伏击野牛。很快，一头野牛进入了他的视线，他举枪就打，击中了野牛的肚子。受伤的野牛逃走了，猎人在后面紧紧追赶，野牛很快躲进了森林。但猎人还是不肯罢休，他沿着野牛的血迹继续追踪。

突然，他发现血迹看不清楚了，于是，他就弯下腰在地上仔细寻找。正在这时，受伤的野牛找到了复仇的机会，从他背后冲了过来，猎人还没来得及直起腰，就被撞倒在地，野牛用角死死地顶着他的身体，直到把他顶死才作罢。

动物王国探秘

小狗复仇

　　一辆手扶拖拉机在四川峨眉山的一段公路上撞伤了一条小狗，小狗的腹部破裂，叫声凄惨。狗的主人是个赤脚医生，他给小狗上药，并缝合了它腹部的伤口。没过多久，小狗的伤口就愈合了。但从那以后，每当听到手扶拖拉机的声音它就会狂吠不止，有几次还挣脱绳索，猛追拖拉机。主人只好找了一根粗绳子把它拴在家门口。一天，小狗突然奋力挣断了绳索，像飞箭一样冲上公路，跳到了一辆拖拉机上面，将驾驶员咬得鲜血直流。原来，这个驾驶员就是开拖拉机撞伤了小狗的人。

智慧的报复

泰国是盛产大象的地方。据说当地有一个手艺高超的老裁缝,有一次,一头大象从他房前路过,并将鼻子伸进窗来向他表示友好。当时这个裁缝还是个青年,他随手用手中的针刺了大象的鼻子一下,大象当时痛得大吼了一声,急忙逃走了。谁料20多年后的一天,这头大象又从这个裁缝店的门口走过,只见它突然停下来,伸长鼻子在空气中嗅了两下,然后眯起眼睛死死地盯住已经变老了的裁缝看了一会,然后摇摇摆摆地走到街头的自来水龙头那里,熟练地用鼻子扭开水龙头,把鼻子凑上去汲足了水,旋即走回来只听"嗤……"的一声,一条又长又急的水流直喷在老裁缝的脸上。等老裁缝反应过来时,才想起来20年前的往事,不由得惊叹不已。

真正能够运用自己的智慧来实施报复行为的,还是人类的近亲——灵长类动物。20世纪30年代,在我国太行山区的一个山寨附近,曾经发生了一起残害珍稀动物——猕猴的事件,当时的景象惨不忍睹。这是当地一家姓金的财主和他家的打手干的。之后有一天,金家大院正在庆祝金老太太的七十大寿。一只小猴从窗户钻进屋内,敏捷地跃到了金财主的身上,逮住他的耳朵就是一阵狠咬,痛得金财主大喊大叫,等两名打手闻声赶来时,小猴早已钻出窗外,逃得无影无踪。与此同时,10多只猕猴从后山墙进入了空无一人的厨房,它们的手里捧着毒菌,并将这些毒菌全部投进了微微滚动着的熊掌汤里。当天,金家大院的喜庆宴变成了哭丧宴。

动物王国探秘

奇特的动物葬礼

动物学家们发现，很多动物对死亡的同类怀有"恻隐之心"和"悼念之情"，并且出现了五花八门的"葬礼"，有些"葬礼"还非常隆重。

这在象群中的表现是最为突出的。大象一死，为首的雄象就会用象牙掘松地面的泥土，用鼻子卷起土块，投向死象的身体。接着众象也纷纷照办，很快将死象掩埋。然后，为首的雄象跟着踩土，很快，一座"象墓"就筑成了。此时为首的雄象一声号叫，众象便绕着"墓"慢慢行走，以示"哀悼"，直到太阳西下才慢慢离开。

猴子表达感情的方式更为深沉。年老的猴子死了，余下的猴子就会围着它的遗体潸然泪下，然后一齐动手挖坑将其掩埋。它们会把死猴的尾巴留在外边，然后认真地观察其尾巴的动静。如果吹来一阵风，把死猴的尾巴吹动，众猴就会高高兴兴地把死猴挖出来百般抚摸，以为它能复活，但当见到死猴毫无反应时，它们就会重新将其掩埋。

鹤是一种具有丰富感情的禽类。生活在北美沼泽地的灰鹤若发现同类死亡，就会在尸体上空久久盘旋，然后由首领带着大队飞落到地面，默默绕着尸体团团转，悲伤地"瞻仰"死者的遗容。西伯利亚灰鹤的葬礼形式却不一样，它们停立在尸体前，发出凄楚的叫声，突然，首领长鸣一声，大伙顿时默不作声，眼中似乎泪光闪闪，一个个低垂着脑袋，俨然在开一场肃穆的"追悼会"。

在南美洲亚马孙河的森林中，生活着一种体态娇小的文鸟，它们的葬礼非常华美。当同类的鸟死亡以后，群鸟便会叼来绿叶、各种五颜六色的花瓣以及彩色浆果，覆盖在同类的遗体上。

生活在南美洲的一种秃鹰，它们采用的葬礼是"天葬"。当同类死亡后，它们就会将它的尸体撕成碎片，然后，用脚爪将其尸体的碎片分别放置到树梢或山顶的岩洞中，任其腐烂，但它们绝不会吞吃同类的尸体。

生活在非洲大陆的一种獾类死后，同类会齐心协力地将其尸体拖到河水中。然后，獾群自动排列站在河岸边，望着河水上漂浮的尸体哀鸣致意。

当乌鸦发现同类死亡后，"首领"会"呱呱"直叫，并把死鸦衔起来放到附近的池塘里，然后众乌鸦一齐飞到池塘上空，哀鸣着盘旋数圈，与"遗体"告别后，它们才各自散去。

乌鸦还有另外一种悲壮隆重的葬礼。上千只乌鸦聚集在一个山崖上，一只乌鸦首领站在最高处，"呱呱"哀鸣，似乎在为葬礼致辞。致辞完毕，就会有一只强壮的乌鸦把死鸦叼起来放到一个深坑里，然后，众乌鸦在空中哀鸣着盘旋数圈与遗体告别，最后才依依不舍地各自散去。同样是乌鸦的葬礼，为什么隆重的程度会不一样呢？这或许和死者在生前做出的贡献大小有关系。

生活在非洲北部的沙蚁常会发生蚁战，战斗结束后往往会有很多同伴阵亡。这时它们就会排成一列长长的"送葬队伍"，扛起阵亡的同伴将其送往"墓地"，并用沙土把尸体掩埋起来。有趣的是，有的沙蚁还会种一些小草在"墓地"周围，以示纪念。

动物王国探秘

猎豹的"顺从"与"失恋"

美国生物学家乔治夫妇长期在非洲塞伦盖蒂大草原上观察猎豹，被同行们称为"猎豹权威"。他们在与猎豹无数次的接触中发现了猎豹身上两种不可思议的行为。

有一次，乔治夫妇在考察用的越野车上，用望远镜发现了一个十分惊险的镜头，他们急忙将车子开到离现场只有14米处的地方停下。原来，一只雄猎豹正在向一只闯入自己领地的同类扑去，并一口一口地撕下它的毛皮，疯狂地啃咬，还不时发出"嘎扎嘎扎"咀嚼骨头的声音，令人毛骨悚然！这种残酷的攻击性防御，足足进行了30分钟。令人惊奇的是，被攻击者显得十分顺从，既不还击，也不逃跑，直到最终倒地死去。对于这一现象，"猎豹权威"没有找到合理的解释，他们只能推

动物本领

测,闯入的猎豹可能是为了向主人恳求入群,所以才表现得那么顺从。

　　乔治夫妇还发现了一起令人难以理解的猎豹"失恋"事件。一只名为"佩凯"的雌猎豹与另一只名为"索立蒂厄"的雄猎豹相爱后,在很长的时间里它们都形影不离。可后来不知什么原因,索立蒂厄突然不理睬佩凯了,而且越来越疏远它。为了弄清佩凯失恋的实情,他们开始在夜间跟踪观察。或许你会问,乔治夫妇怎么断定佩凯"失恋"了呢?因为他俩对野生猎豹的求爱和交配行为已经研究了将近4年的时间,其中包括佩凯与索立蒂厄相爱的一段经历,他们也了如指掌。一天晚上,乔治夫妇发现佩凯独自躺在草地上翻来覆去,看上去非常苦恼,而那只遗弃它的雄猎豹索立蒂厄却坐在远处,连瞧都不瞧它一眼,昔日彼此间那股亲热劲已经完全消失了。至于佩凯为什么会失去索立蒂厄的欢心,乔治夫妇还在进一步的探寻中。

动物王国探秘

海豚救人

　　1964年,日本一艘名为"南阳丸"的渔轮在日本野岛崎沿岸不幸沉没。当时船上共有10名船员,其中6名当场丧生,其余4名弃船下水后,与汹涌的海浪搏斗了好几个小时,一个个累得筋疲力尽,就在这万分危急的时刻,有2只海豚赶来,把身子往下一沉一抬,每只海豚背上驮着2名船员,游了足有67千米才到达岸边,然后它们奋力将船员顶上了岸。船员得救了,这2只可爱的海豚很快便返回了大海。

　　1949年曾有报道称,一名游客在游泳时陷入漩涡,最终被海豚用其尖尖的吻部,一下接一下地将游客推向了岸边……类似的事例还有很多,海豚为什么会有这么"高尚"的品格呢?科学家们对此也抱有浓厚的兴趣。他们从海豚的生理结构入手,作了反复的研究,终于得出了比较一致的观点。

动物本领

鲸鱼可以分成两大类：一类是齿鲸，一类是须鲸。人们习惯把小型齿鲸统称为"海豚"，所以说海豚是世界上最大型动物——鲸鱼家庭中体型最小的成员，属于海兽类。海豚用肺呼吸，初生的海豚自己不善于浮出水面呼吸，弄不好就会被海水呛到或淹死，这种情况时有发生，因而初生的海豚必须在母亲和长辈们的精心呵护下学习游泳。成年的海豚常用自己的吻轻轻地一次一次地把小海豚推出水面呼吸，有时会用牙齿叼住小海豚的胸鳍，把它送到水面，直到小海豚能自己呼吸为止，就像人类学习游泳一样。久而久之，海豚就逐渐养成了一种本能的习惯。所以，凡是在水中不积极运动的物体，都会引起海豚本能的反应，并主动协力将其托出水面。这就是世界上发现多起海豚援救落水人员的原因。

海豚领航记

离新西兰首都惠灵顿不远的地方，有一条狭窄的海峡，这里暗礁丛生、水流湍急、波涛汹涌、雾霭弥漫，途经此处的航船经常失事。1871年的一天，"布里尼尔"号航船从这儿经过时，航船附近突然出现了一只海豚，它一直伴随在航船周围，并与航船保持相同的速度前进，久久不肯离去。这种现象引起了船长的注意，并且他还从中得到了启示。他想，海豚能通过的地方，必定水道畅通，若跟着它行进，触礁的危险率就会大大下降。于是，他亲自掌舵，紧紧地跟着海豚朝前行驶，海豚向左，他的舵就向左打；海豚向右，他的舵就向右打；海豚游得快，他就加快速度；海豚游得慢，他就减慢速度。果然，"布里尼尔"号安全顺利地通过了海峡，没有遇到任

何险情，一路上船长也感到十分轻松。全船上下无不感激这只神奇的海豚。

事情传开后，引起了海员们的极大兴趣。有的好奇，有的半信半疑，有的则不屑一顾。然而，当许多航船都接受这只海豚的领航，并且安全、顺利、轻松地驶过海峡后，海员们都深信不疑了。为了表达自己的感激之情，海员们亲切地称呼这只海豚为"戴克"。

自从戴克为船只领航后，多事的海峡平静了，航行事故也几乎不再发生。戴克的名声越来越大，也越来越受到海员们的爱戴。然而有一天，一艘名叫"塘鹅"号的航船开过时，船上的一名醉汉对准戴克连开数枪。枪声响过，戴克也无影无踪了。人们猜它已经丧生在枪口之下，都悲恸万分。然而没过不久，戴克又出现了，它仍旧活跃在海峡中，为过往的船只领航，海员们无不欢呼雀跃。不过令人惊奇的是，只要那艘"塘鹅"号开来时，它就会"消失不见，拒绝为之带路。不久，就传来这艘船触礁沉没的消息。

然而，1931年的一天，戴克消失了，人们猜测它大概是走完了生命的历程。那么，海豚为什么会领航？它又是如何来识别目标的呢？

有人说，海豚领航完全是偶然之举，没有研究的必要。但戴克60年如一日地这么做，却又无法让人相信这是偶然行为。况且，在许多别的海区，也有海豚伴船而行的情况，更使"偶然"的说法站不住脚。

人们对驯养过的海豚进行观察后发现，它们有逐浪嬉游的特点，还有用身体摩擦坚硬物体的嗜好。据此，有人解释道，海豚"领航"并不是有意识的行为，而是在航船周围能找到逐浪嬉游的环境以及摩擦身体的坚硬物体。据有关海员回忆戴克领航时说，它并不是一直都游在航船的前头，而是常在航船周围游来游去，用身体磨蹭船底。这就给上述理论提供了一些证据。

动物王国探秘

　　如果说上述解释尚属可行，那么，60年如一日地如此坚持着，又该如何解释呢？要知道，一个人能做到这一点都是非常困难的，更何况一只海豚呢？还有就是为什么戴克能认出伤害过它的那条航船并且拒绝为之领航呢？

　　对此，人们以海豚具有用"声呐"精确识别目标的能力为由来进行解释。但也有人认为这个解释有些牵强。海豚的确具有精确的声呐探测能力，但要区别船只并做出拒绝反应，似乎是一种高级思维活动，难道海豚也具备高级思维能力？看来，要解决这个问题，人类还需进行不懈的努力。

动物生存有术

动物消暑奇招

人们可以舒舒服服地待在有风扇或空调的房子里度过炎热的夏天。那么，动物又是如何度过它们的夏天的呢？

蜗牛进壳

生活在非洲沙漠中的蜗牛，每当盛夏来临，就会钻到沙砾中，然后将身体缩进壳内。它们的外壳上会形成一层薄薄的隔膜，以减少体内水分的散失，直到天气转凉后才会从沙砾中爬出来活动。

动物王国探秘

蜘蛛挖洞

在炎热的非洲撒哈拉大沙漠里,生活着一种大蜘蛛。夏天的时候,它们会在沙里挖一个洞,然后在洞口吐丝,织一张密网挡住阳光,悠然地躲在洞里纳凉。

猴摇尾巴

天气炎热的时候,长尾猴总爱摇摆它们那长长的尾巴。原来,它们的尾巴里有一条特殊的静脉,能将体内产生的热量迅速地散发出去。

大象洗澡

大象在热天会不停地扇动大耳朵,以产生凉风,给自己的头部降温。当它们来到泉水或河边时,常会用长鼻子汲满水,喷向自己的背部和腹部,痛痛快快地洗凉水澡。

蜜蜂风扇

炎热的夏天,蜜蜂会在蜂巢里一起用较快的频率振动翅膀,其作用就像电风扇,能吹出阵阵凉风,有助于巢内空气流通,从而保持空气新鲜,并能降温4℃~6℃。

白蚁建塔

非洲白蚁避暑的方法更巧妙,它们会营造起高大的蚁塔,形似金字塔。蚁塔的外壳厚约50厘米,开有许多"气窗",里面布满了密密麻麻的隧道,弯弯曲曲,长约几百米,看上去就像是一个"空调房间"。尽管外面烈日炎炎,里面却是一片清凉的世界。

动物王国探秘

动物的体色与环境

生活在不同环境里的各种动物，它们的体色也是不一样的，并且各具特色。

绿色的蝗虫、蚱蜢，常常在绿色的草丛中跳跃、飞动，而灰褐色的蝗虫和蚱蜢，则常在褐色地带栖息或活动。

蚜虫以蔬菜、瓜果类植物为食，是一种危害农作物的害虫。蚜虫的身体为绿色，蔬菜、瓜果类植物也是绿色，所以，当它们趴伏在绿叶上时，很难被发现。瓢虫是蚜虫的天敌，专以蚜虫为食。瓢虫中，除了十星瓢虫和二十八星瓢虫外，大都是益虫。瓢虫身上覆盖着瓢形的甲壳，上面点缀着黑色的斑点或美丽的花纹，十分醒目。它们的体色和环境不协调，为什么没有被淘汰呢？一来，它们是益虫，人们会有意识地保护它们；二来，瓢虫的腿关节处能分泌出一种臭液，加上它们那特异的体色，是对鸟类的一种警告：这种颜色的昆虫，很臭，不能吞食。瓢虫因此得以繁衍、延续。这是动物对环境另一种适应能力的体现。

有些蛾、蝴蝶的体内含有毒素，体表的颜色也很鲜艳，这些同样也起到了重要的防御作用。非洲的橙色桦斑蝶体表有明显的黑白斑点，在阳光下飞舞时，不会受到鸟儿的袭击。原来，桦斑蝶的体内含有一种心脏毒素，鸟类吞食后就会引起严重呕吐。

有些蝴蝶本身没有毒，但是长得和含有毒素的蝴蝶十分相似，这是一种拟态。鸟儿以为它们有毒，也不会去捕食它们。这些蝴蝶就像鱼目混珠那样，巧妙地避开了天敌。

动物不仅有和生活环境相协调的体色，而且有的动物还能随季节和环境的变化来改变自己的体色。比如青蛙的肤色就会随着季节的改变而改变。在冬季和早春时节，它们的身体呈深褐色，到了仲春，逐渐转为绿色，秋季又变成褐色，并且会随着时间的推移逐渐加深。这就是青蛙在长期的进化过程中，为了生存而练就的自我保护本领。

动物这种同生活环境相协调的体色，对动物本身起到了一定的保护作用，因此也叫保护色。

还有的动物会利用保护色来伪装自己，骗取猎物。蛇类一般靠嗅觉来主动捕食猎物，但有些身体呈褐色的蛇，则喜欢守株待兔。如有的蝮蛇常盘成一圈，看上去就像一堆土灰色的狗屎，以此来迷惑猎物，使猎物放松警惕，便于捕猎。

动物王国探秘

动物躯体的再生能力

人们在下象棋的时候，都知道舍车保帅的道理。为了保护最重要的目标，人们可以牺牲一些相较而言不重要的部分，因为只有这样才能保全大局。自然界的一些动物同样也懂得这个道理。

当被敌害追赶时，如果身体的一部分被敌人抓住了，一些动物就会用弄断部分肢体的办法来保全性命，使身体的其他重要部分不受损伤。它们身体上被弄断了的部分在不久后还能再长出来。这种现象在动物学上叫作再生。

兔子

兔子也有独特的再生本领，若自己的肋部被敌人咬住，它就会弃皮而逃。兔子的皮跟羊皮纸一样薄，被扯掉皮的地方一点儿血迹也没有，并且伤口处很快就会长出新的皮毛。

蜥蜴

如果按住蜥蜴或草蜥的尾巴，它自己就会把尾巴弄断，然后趁机逃脱。所以，在捕捉蜥蜴的时候，必须用大拇指和食指按住其头部后方和脖子相连的部位，这样才能防止它自断其尾。

山鼠

山鼠看上去非常像小松鼠，一旦被猛兽咬住尾巴，它尾巴上的茸毛就会脱落，然后就会秃着尾巴逃跑。据说金花鼠、黄鼠狼也有这样的绝技，它们尾巴上的茸毛都可以再生。

海参

海参则可以"倾肠倒肚"，把内脏抛给"敌人"，留下躯壳逃生，用不了多久，它们的身体就会造出一副新的内脏。

海星

海星更是分身有术，由于海星是以牡蛎、贻贝、杂色蛤为食，所以它们是养殖业的大敌，养殖工人十分讨厌海星，往往会把它们捉住并弄得粉身碎骨后再投入大海，结果却适得其反，因为每一块海星碎块都能繁殖出新的海星。

动物王国探秘

海绵

动物界的再生之王非海绵莫属。海绵是最原始的多细胞动物，它们的再生本领相当强，也是无与伦比的。若把海绵切成许许多多的碎块抛入海中，非但不会损伤它们的生命，相反，它们中的每一块都能独立成活，并会逐渐长大形成一个新的海绵。即使把海绵捣烂过筛，再混合起来，在条件良好的情况下，只需几天，它们就能重新组成小海绵个体。

蝾螈

美国的一位研究人员发现，蝾螈被截断的肢体在没有复原时，会产生一种生物电势。这种电势会逐渐增强，仿佛由于电流输送了一种信息，而使残肢末端的细胞分裂，形成新的组织，最后长成失去的肢体。

动物本领

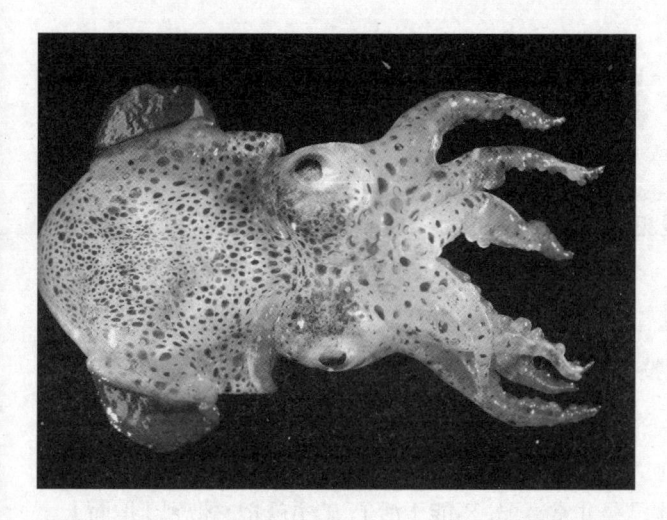

乌贼

乌贼又叫"墨鱼"。当它们被逮住时，为了保住性命，就会断肢而逃。它们会在触手的约4/5处自行断开。一段时间后，新的触手就会生长出来。

章鱼

章鱼也有自断其腕的本领。平时章鱼的腕手是相当结实的，当某只腕手被人抓住时，这只腕手上的肌肉就会痉挛地回缩，像被刀切一样地断落下来。掉下来的腕手还会蠕动，并会用吸盘吸在某种物体上，当然，这只是障眼法。

章鱼断肢一般是在整个腕手的4/5处，腕手断掉后，血管就会极力收缩，并马上闭合，避免伤口流血。自行断肢6小时后，血管开始流通，血液渐渐流过受伤的组织，结实的凝血块将尚未愈合的腕手皮肤伤口盖好。第二天伤口完全愈合后，就会慢慢长出新的腕手，约45天后，再生的部分就能长得像断腕前那样长了。

动物王国探秘

老马识途

春秋时期，山戎国侵犯燕国，齐桓公带兵救援，打下了山戎的都城。齐军在返回自己的国家时，不料在一个山谷中迷了路。这时跟随齐桓公的管仲说："老马不论走多远，都能从原路回去，我们可以利用老马的智慧，让它们来带路。"于是他们挑了几匹老马在前面引路，整个队伍跟在后面。果然，几匹老马出色地完成了向导任务，把齐兵领出了山谷。

英国有一个矿主，把一匹马从饲养场赶进矿井拉车，这匹马整整10年没有到过地面。10年以后，它的身体已经非常衰弱，不能干活了，矿主就把它带到了地面上。不料它一出矿井，就一口气跑回了阔别10年的饲养场，它的记忆力真让人惊奇。

据科学家研究，马的内耳中有一种特别的"曲折感受器"，这种感受器就像人的眼睛，能判断运动的方向和周围的环境，这就是"老马识途"的秘密。

狼的智慧和处世天性

狼是最凶猛的动物之一，通常喜欢集群活动，它们的处世哲学带给我们许多有益的启示。

狼是一种不可思议的动物，它们具有超常的精力、速度和能量，有丰富的嚎叫信息和身体语言，还有非常发达的嗅觉。它们为了生活和生存而友好相处，为了哺育和保护后代而相互合作。狼的群居生活一般是7匹为一群，每一匹都要为群体的繁荣与发展承担一份责任。它们也是最团结的动物，绝不会在同伴受伤时独自逃走。同样，狼之所以能成功猎杀比自己更大更凶猛的动物，秘诀之一就是只要它们一声呼啸，狼群便会从四面八方涌来，然后齐心协力地制伏对手。"恶虎难斗群狼"说的就是这个道理。狼知道自己是狼而不是老虎，所以它们只做自己有能力做的事，知道什么时候该进攻，更知道什么时候该后退。

狼知道如何用最小的代价换取最大的回报。狼在追捕兔子时，知道兔子第七步所跳的位置，所以它们会及时扑向那里捕捉兔子。狼群的社会秩序非常牢固，每个成员对自己的地位和作用都非常了解。狼群在进食时，我们能很容易地看到类似屈膝行礼、鞠躬、哀叫和拥抱的声音或动作，而这一切都依每个成员的地位而定。

狼是最善于交际的肉食性动物之一，它们的交流方式有很多，比如嚎叫、用鼻子相互摩擦、用舌头舔、采取支配或从属的身体姿态、使用包括眼、唇、面部表情以及尾巴的位置来交流，或用复杂精细的身体语言、气味等来传递信息。

动物王国探秘

狼在每次攻击前都会先去了解对手，不会轻视对手，所以狼一生的攻击和捕猎活动很少失败，面对形形色色的诱惑，狼一般都不会上当。

公狼会在母狼怀孕后一直保护母狼，直到它产下小狼。当小狼具有了独立生活的能力时，公狼依然会细心地照顾母狼和它们的孩子。

寒冷的冬天，狼群依然会踏着积雪寻找食物。它们最常用的一种行进方法是单列行进，一匹挨着一匹。作为开路先锋，领头狼的体力消耗最大，它需要在松软的雪地上率先冲开一条小路，以便让后边的狼保存体力。当领头狼累了的时候，它便会让到一边，让紧跟在身后的那匹狼接替它的位置。这样它就可以跟在队尾，养精蓄锐，迎接新的挑战。

动物本领

鬣狗的生存之道

鬣狗是动物王国中最具有"团队意识"的猛兽。在捕猎时，它们的分工非常明确，并且各司其职，一旦确定了捕猎的目标，几乎从不失手。

鬣狗通常在夜间捕食，它们能以每小时65千米的速度追逐奔跑速度达每小时40千米的斑马或角马群。鬣狗可以单独、成对或3只一起猎食，也能整群一起围猎。单独捕猎往往收获不大，但若是成群猎食，则大多数时候都会有收获。

鬣狗具有百折不挠的韧劲。当狮子、豹等捕获了猎物，一群鬣狗经常会潮水般地围拢来，它们不停地发出噪音，给对方制造强大的心理压力，使对方因为恐惧而不得不放弃到嘴的食物。当对方势力强大时，尽管它们不敢贸然强夺，但它们却能够耐心等待，等待对方饱餐后离开。有时候，它们不得不付出苦苦等待好几个小时的代价，但最终都会有所收获。

鬣狗非常顽强，也很好斗。为了争夺其他猛兽捕获的食物，它们时常会主动挑起战争。在非洲草原，它们和狮子是前世冤家。论个体作战能力，鬣狗显然不是狮子的对手，但是，若要论群体优势以及顽强的战斗精神，狮子则是不及鬣狗的。一般来说，它们不会轻易放弃与狮子争夺食物，除非首领被杀。正因为它们具有非常顽强的作战精神，才得以和狮子共享草原资源。

动物王国探秘

刺猬

　　刺猬属哺乳类食虫目刺猬科,原来名叫"猬",由于全身长满尖锐的硬刺,因而得名"刺猬"。

　　刺猬虽然体型不大,但其他动物一般都不会去招惹它们,因为它们一身从毛发蜕变而成的锐刺是它的最佳的防身武器。当情况危急时,它们会收起头和脚,全身蜷缩成一个解不开的刺球。这时要是敌人来犯,一定会被刺猬尖锐的硬刺所伤。因此,不但强敌隼鸟的尖嘴伤不了它们,就连狡猾的狐狸也拿它们无可奈何。

　　刺猬很顽皮,喜欢攀爬树干,即使一不小心失足,它们的锐刺也会保护好它们,使它们不会因跌落而摔伤。

　　刺猬的身上长满尖刺,那么刺猬妈妈在生产时,会不会被刺猬宝宝戳伤呢?这倒不用替它们担心,因为在生产时,刺猬宝宝身上的刺质地柔软、数量稀少(有的根本尚未长出),因此不会伤到刺猬妈妈。

动物本领

刺猬的适应能力极强，能够在各种不同的环境中生活，因此在森林、草原与田野到处都能见到它们的踪迹。

刺猬是夜行性动物，白天它们常躲在田野的隐蔽处或大树的空穴中休息；到了晚上，它们会一边行走一边发出"呼噜呼噜"的喘息声，四处觅食。

刺猬的食物很广，许多不同的小动物与小昆虫都是它们的食物，例如小蜗牛、蛞蝓、蠕虫、蛴螬（金龟子的幼虫）等。最值得一提的是，它们能捕杀毒蛇，是毒蛇的克星。当刺猬攻击毒蛇时，会用利齿咬一下毒蛇的背部，然后迅速地将身体蜷缩起来，等待毒蛇反击；接着咬第二口，再次蜷缩身体等待反击；在咬第三口时，不但会咬穿蛇的背部，而且会咬碎其脊椎骨，使毒蛇毙命，最后再慢条斯理地从尾部将整条蛇吃掉。

靠着坚韧的锐刺的保护，毒蛇在反击时，每每只能咬到刺猬的锐刺，而咬不到它们的皮肤，这就是刺猬能打败毒蛇的主要原因。

动物王国探秘

野骆驼的"空调器"

野骆驼属哺乳纲偶蹄目反刍亚目驼科,是我国一级重点保护动物,它们与被誉为"沙漠之舟"的家骆驼有3点区别:一是头、耳较小;二是绒毛较短;三是驼峰坚硬呈圆锤形,不像家骆驼的那样扁、斜。

野骆驼主要生活在远离海洋的中亚、西亚以及我国西北部的戈壁沙漠,是名副其实的沙漠动物。沙漠地区气候干燥,水源缺乏,植被稀疏,冬季干冷而夏季干热,大气透明度大,光照强烈,风沙滚滚,昼夜温度变化剧烈。

野骆驼是如何来适应沙漠生活的呢?这要从野骆驼的体温调节及其保水、节水说起。

野骆驼的皮下脂肪很少,人们为此称其为"瘦骆驼",皮下脂肪少利于身体散热,并可借此调节体温。它们皮肤的汗腺极少,高温时很少出汗,这就避免了蒸发失水。

野骆驼是恒温动物,但体温的昼夜波动较大,白天可升到40℃,夜间可降至

34℃，这种大幅度的体温波动，对缩小动物与环境间的温差十分有利。白天体温升高便于积蓄热量，更利于承受夜间低温的侵袭，野骆驼的皮肤上生有长短两种绒毛，组成了具有很强隔热保温功能的毛被，而且它的绒毛的脱换方式十分特殊。每年5月野骆驼开始脱毛，但长绒毛脱得非常缓慢，直至9月新绒毛长出后，老绒毛才完全脱去，平时我们见到骆驼一大块一大块的长绒毛拖在身边，就是这个原因。

这种脱毛方式使绒毛和皮肤之间形成了一种特殊的空间小气候，能防止白天高温和日照辐射，又避免了夜间低温时散热过多。野骆驼的皮肤和绒毛就是这样随着季节、环境、温度、昼夜的变化来自动调节体温的。

野骆驼的鼻孔能自由启闭，不但可以防止风沙的侵袭，而且卷轴状的鼻甲骨使鼻腔黏膜的表面积增大了约1 000平方厘米，是人类的近80倍。野骆驼在呼吸时，这层鼻腔黏膜又成了"热量交换器"：吸气时，外界空气进入鼻腔，使鼻腔湿润和温热，利于保护肺部；呼气时，湿热的肺气又通过鼻腔得到冷却和水分回收。野骆驼的肺活量很大，呼吸频率很低，为每分钟16次，这样就避免了过多的呼吸失水。可见野骆驼的呼吸系统具有奇妙的保水和调温功能。

野骆驼是反刍动物，胃室较多，容积也较大，一次食草量和一次饮水量都很可观，因此即使较长时间不进食、不饮水也没有问题。

野骆驼的大肠有很强的吸水能力，它们排出的粪便如核桃球般干燥，从而最大限度地减少了排便失水，野骆驼尿液的浓度很高，而且排尿量小，这又减少了排泄失水。野骆驼的血液浓度也高，且耐脱水能力强，当脱水使其体重降低22%时，其血液的各项生理常数依然能保持不变，一旦饮水，10分钟后其血量即可恢复到原来的水平。

野骆驼由于具备综合调节体温的"空调系统"，又有善饮水、生水、保水、节水的习性，所以能世世代代生活在黄沙滚滚的大戈壁荒漠之中。

动物王国探秘

会模仿的枯叶蝶

枯叶蝶是一种善于模仿枯叶的蝴蝶,当它停留在树枝上时,一双翅膀就像叶子的形态和颜色,不过这"叶子"呈枯黄褐色,所以敌害不容易发现它,只有在它起飞的时候,才知道它是蝴蝶,这就是枯叶蝶的拟态。

枯叶蝶通常生活在树木茂盛的山岳地带,常在悬崖峭壁下的葱郁的混交林间活动。雄蝶在活动时,常常会到伸出溪涧流水上空2米多高的阔叶树叶上栖息,等候雌蝶飞过而追逐交尾。如果遇到敌害,它就会立即飞入丛林,停栖在藤蔓或树木枝干。枯叶蝶飞翔的速度很快,行动敏捷,当它隐匿在树叶间时,敌害是很难发现它

动物本领

的。枯叶蝶栖息时，一般是头部向下，尾部朝天，常静止在没有树叶的粗干上。

生活在峨眉山的蝴蝶中，以拟态逼真的枯叶蝶最为著名。峨眉山的枯叶蝶属于中华枯叶蝶，它的体色艳丽，姿态优美，飞舞时常露出翅膀的背面，其色彩可与凤蝶媲美。枯叶蝶翅膀的背面大都为绒缎般的墨蓝色，闪动着耀眼的光泽。它们的前后翅点缀着白色的小斑点，前后翅的外缘均镶嵌着深褐色的波状花边。其双翅合并后酷似一片枯叶，依次由褐色、橙黄色、蓝色将蝶翅正面三等分。一条纵贯前后翅中部的黑色条纹和细纹，很像树叶的中脉和支脉；后翅的末端拖着一条和叶柄十分相似的"尾巴"，当它们在树枝上静止不动时，很难分辨出是蝶还是叶。

动物王国探秘

撒尿捕猎的貂熊

貂熊又名"月熊""狼獾""山狗子",因既像貂又像熊而得名。貂熊分布于西伯利亚、北欧、北美洲北部及我国内蒙古、黑龙江、新疆阿勒泰地区。貂熊体毛长密粗糙,一般为黑褐色,夏季毛色变为棕红色,爪子弯长、尖利。

貂熊体型较小,连头带尾长约1米。别看它的个子不大,却是小型肉食类动物中最凶悍的一种。貂熊性情凶猛、机警、顽强,有时会对小鹿和幼熊发起攻击,有时能拖走比自己体重大数倍的动物尸体,驯鹿、马鹿一类大型食草动物的雌兽和幼仔都免不了会遭到它的毒手。有时貂熊还会捕食狐狸、野猫一类的食肉兽,甚至连猞猁都要让它三分。貂熊既善于长途奔走,又善于攀缘,有时还采用由树枝上突然

飞降下去的捕猎方式，加上它的爪牙比较锐利，力气也大，猎物十有八九都逃脱不了。

貂熊通常单独活动，有自己的领域范围，除了发情季节，它一般不允许其他貂熊进入自己的领地。当遇到强大的敌害时，它会向对方的脸上喷射带有恶臭的肛腺分泌物，使来犯敌人嗅到后晕头转向，而貂熊则借此机会逃之夭夭。貂熊栖息在森林苔原和针叶林中，它自己不挖洞、不筑巢，常借住在熊、狐等动物的洞穴中，有时会以山坡裂缝及石头的空隙为家，有时又栖身于倒木之下或枯树洞之中。貂熊的活动范围十分广阔，有时可达几百平方千米，可谓是"四海为家"。貂熊属于珍贵毛兽，现存数量极少，是我国一级保护动物。

貂熊非常狡猾，也很凶猛。饥饿时它便会撒一泡尿，用尿在地上画个圈。在圈中的小动物就好像中了魔法一样，竟不敢跑出圈外，从而束手就擒，貂熊便能悠闲地享受自己的美餐。

更为奇妙的是，当貂熊被豺、狼、狗熊等追赶时，它就会立刻边转圈边撒尿，把自己围在尿圈内，猛兽便会立刻边呕吐边逃跑，从而放弃追捕。原来，貂熊的尿液特别臊臭，小动物闻了不敢动弹，大型猛兽闻了也会恶心呕吐而避之不及。

有人认为貂熊生性凶猛，在自然界几乎没有天敌，但貂熊真的那么厉害吗？有人认为貂熊的尿液里有特殊的麻醉成分，能麻痹动物的神经中枢，然而科学家们至今也没有从中找到这种特殊的成分。它究竟存不存在呢？还是另有原因？除了貂熊以外，人们还发现黄鼠狼甚至田螺都能"画地为牢"捕猎食物。它们的本领似乎更为高强，只是绕猎物一圈就能使猎物无法动弹。这又是怎么回事呢？具体的原因还有待进一步探索。

在我国大兴安岭林海深处散居着鄂伦春族人，有些人家会养上一两只貂熊，主人搜集貂熊的尿液来保护婴儿、家园的安全。

蚂蚁独特的才能

蚂蚁是最常见的昆虫之一,只要是有土有草的地方,就能找到它们的踪迹。但是,蚂蚁许多有趣的行为与人类的社会活动有着惊人的相似之处。

有一种叫"农蚁"的蚂蚁,它们能耕种自己爱吃的蚁米。农蚁在蚁巢附近播种蚁米之后,为了使蚁米茁壮成长,农蚁会用牙咬去其他所有的植物,只让蚁米生长。当蚁米成熟后,农蚁会全体出动,把收获的米粒全都搬运到地下仓库储存起来。

更有趣的是,南美洲的切叶蚁还会种蘑菇,它们从树上咬下新鲜的树叶,拖回蚁巢内的种植室,把树叶咬碎后堆成堆,当作培养基,然后在上面培植一种特殊的小蘑菇菌,就像人们在室内人工培育蘑菇一样。长成的小蘑菇就成了切叶蚁的主要食物。

蚂蚁不仅是天才的"种植能手",而且还是灵巧的"建筑师"。蚁巢是蚂蚁群的"家",一般分为地面和地下两部分。建造地面部分时,蚂蚁会先搬运来潮湿的黏土,接着用嘴将其搓成一个个小泥团,然后像泥瓦匠砌墙那样,把小泥团一块块地垒上去,还不停地用嘴和脚压紧泥团。围墙砌好后,蚂蚁还会找来树叶搭成圆形屋。

蚁巢的地下部分更了不起，有的蚁巢的直径竟达30米。巢内分为许多层，各层设有走廊、厅堂、仓库、育婴室等。黄蚁的巢更复杂，竟有三四十层，每层之间还有二十多道隔墙，真是精巧无比，难怪昆虫学家们都把蚁巢称作"蚁城"。

昆虫学家们还发现，刚刚出生的小蚂蚁是在"职业教师"的照看下，在专门的"托儿所"里度过童年的。这些担任"教师"的蚂蚁会系统地培养小蚂蚁在蚁巢范围内活动的各种本领。令人惊奇的是，一旦蚂蚁生了病，就会得到"医生"的照顾，"医生"每天都会对生病蚂蚁的身体进行检查，必要时还会送到"医院"治疗，有的甚至还会给受伤的蚂蚁动手术。

小小的蚂蚁为什么会如此聪明呢？昆虫学家认为，在动物世界中，头部与身体比例最大的就是蚂蚁。蚂蚁的脑袋里生有50万个神经细胞，可以接收各种复杂的信号。蚂蚁的身体又像一个小小的化工厂，能生产一种叫作"信息素"的化学物质。蚂蚁正是依靠聪明的头脑和"信息素"在蚁群之间进行各种交流，如相互告诉哪里有食物、哪里有危险、怎样照顾幼蚁等。蚂蚁虽小，但是它们的行为充分显示了它们独特的才能。

动物王国探秘

先出触角的蜗牛

蜗牛的头部有两对能伸缩的触角,人们把它们比作"牛角"。其实蜗牛的触角与牛角的功能不同,蜗牛的触角不是武器而是感觉器官。前面一对小触角有嗅觉功能,后面一对大触角有触觉和视觉功能。蜗牛的触角对于蜗牛了解外界情况太重要了,没有触觉,蜗牛会到处碰壁;没有嗅觉,蜗牛会找不到食物。休息时,蜗牛的触角会翻转缩入壳内;爬行时,触角会首先伸出。大的长触角就像盲人的探路杖,当大触角接触到障碍物时,就会立即改变前进的方向。大触角的顶端各有一眼,也叫"眼触角",眼呈浅杯形,杯壁由许多排列整齐的视觉细胞形成,叫"视网膜",视觉细胞底部连着视神经纤维,这些视神经纤维集合成视神经,并通到脑部。但蜗牛的视力很差,弱光下能看到约6厘米远,强光下则只能看到0.4~0.5厘米远。这和蜗牛生活在阴暗处,以及只在黄昏或夜间出来活动的习性是相适应的。

也正因为触角的种种作用,所以蜗牛总是"先出来触角,后出来头"。

动物的学习能力

动物界出色的"老师"

在人类文明中,教育一直起着非常重要的作用。从很小的时候开始,我们就跟着父母学说话;长大之后,我们又跟着老师学习数学、历史等各种知识。然而,教学是否只是人类社会独有的一种现象呢?

最近一期的《科学》杂志中说,野生动物界中也有一群和人类一样非常出色的"老师"——海岛猫鼬。海岛猫鼬虽然不会教代数或者物理,但却会积极主动地教给自己的后代捕食的本领,而这在野生动物界是非常罕见的一种现象。

海岛猫鼬是一种小型哺乳动物,生活在非洲南部贫瘠的土地上。一只海岛猫鼬高约0.33米,尾长约0.2米,体重约1千克。它们通常都采用群居的生活方式,数量最多时可达40只。一个群体中80%的后代通常都由该群体中最有权威的一对海岛猫鼬来生育。

研究人员在非洲对海岛猫鼬进行长期观察后发现,这种动物会"有意识"地给自己的孩子开设捕食"课堂",而且令人感到不可思议的是,这种活动是以教学为唯一目的的。

虽然人们在日常生活中也曾观察到动物界中简单的学习现象,但这些动物在让后代学习的过程中并不需要改变自己平时的行为。动物学家桑顿解释说:"假如一只年幼的黑猩猩看到自己的妈妈用一根棍子在掏食白蚁,后来它便会拿妈妈用过的那根棍子,自己尝试着去掏白蚁,但在这个过程中并没有任何教学的成分。"

动物王国探秘

　　事实上，海岛猫鼬比其他动物要高明得多。它们并不是让自己的孩子冒着被蝎子蜇到的危险，在实践中经历反复碰壁来学会本领。相反，它们会在孩子很小的时候就"告诉"它们，哪些食物是可以吃的，哪些是危险的，在把蝎子给小猫鼬吃之前，成年猫鼬还会把蝎子的刺拔掉，拿给小猫鼬看。

　　等小猫鼬长大些，成年猫鼬又会把更不容易进食的猎物放到它们面前。例如它们会先给年幼的猫鼬吃死蝎子，然后是受伤的蝎子，最后才是活蝎子。这种循序渐进的教学方式与人类的教育方式非常相似，因为老师通常都会在孩子学会比较简单的知识后，再逐渐加深学习的难度。此外，研究人员还发现，在群居的海岛猫鼬中，不仅父母会教自己的孩子相关的捕食知识，其他成年猫鼬也会参与到这种"教学"活动中来。

　　动物行为专家史蒂文·霍普表示，动物界的教育现象也许比人们想象的还要普遍，但"清晰的证据，尤其是在野外生活的动物中，还是非常罕见的"。他说："这份报告非常重要，它展示了一个教育行为的清晰案例。"

动物的学习行为

美丽的蝴蝶在破蛹而出的那一刻就会翩翩起舞,小鸭子出生没多久就会到水中游泳嬉戏,蜘蛛从小就会织网。动物的这些行为都是与生俱来的,是一种天赋的遗传行为,生物学家们称其为"本能行为"。而动物的有些行为则与本能行为不同,是后天获得的经验性行为,生物学家们称其为"学习行为"。

习惯化学习

当同一种刺激反复发生时,动物的反应就会逐渐减弱,直到完全消失,除非再给它们其他不同的刺激,它们对刺激产生的行为反应才能再次发生。幼鸭、雏鸡、小火鸡初次看到头的上方有物体在移动时,不管这个物体对自己有没有害处,比如说掉下一片树叶,它们都会有惊恐的反应,做出蹲伏或其他惊恐的举动。可是当它们经历过几次像树叶掉落这样的情况后,它们的蹲伏反应就会逐渐减弱,对在自己生活领域飞过的飞鸟或别的物体的恐惧也就会日渐消失。也就是说,它们对这种刺激的敏感度已经降低了。当然,如果在自己的生活环境中飞过一只老鹰,它们仍然会做出惊恐的举动。

模仿学习

动物在幼年时会模仿抚育者或其他成年动物的行为,来学习一些基本的技能。幼小的黑猩猩会学习年长者如何取食白蚁,一些幼鸟会像其他的鸣禽学唱,这些都是模仿学习。其实很多鸣禽并不是生来就会唱歌,它们必须先听到其他鸟类的鸣唱,才能慢慢试着来发声、啼叫。也正因为这样,如果一只普通的灰雀在金丝雀的环境中长大,那么它也能发出和金丝雀一样美妙的歌声。

模仿行为在动物对环境的适应上具有重要的意义,因为它使得动物能从同种其他个体的经验中学到知识,还可以绕过完全依赖遗传机制的途径直接继承,这对社群传统的形成大有好处。

动物王国探秘

联想学习

联想学习是一种被称为"条件反射"的学习方式。著名的"斯金纳箱"实验，是把一只老鼠放在"斯金纳箱"里，箱中只有一个物体可以移动，那就是一个按钮，老鼠每按一次按钮，便能得到一粒食物。这样，老鼠一旦学会按按钮，便会不断地去按，那它就能得到更多的食物。斯金纳实验中的动物能学会把一定的动作同食物联系起来，但只有当它们饥饿时，而且有食物犒赏时，它们才会做连续的动作。

上述操作之所以能够成功，还基于一个重要的原因，即动物具有探究行为。很多动物都喜欢四处走动，并且具有好奇心，遇到自己感兴趣的事物它们一定要探个究竟，就像家养的小猫对家中新添置的物体总会表现出浓厚的兴趣，以至于会不小心打碎新买的花瓶。这种学习方式被称为"潜在学习"。正是由于动物存在潜在学习的行为，"斯金纳箱"中的老鼠才会去按按钮，实验也才能成功。

推理学习

推理学习是动物学习中最高级的一种形式，科学家们又将其称为"悟性学习"，即动物凭借自己的直觉对新生事物的因果关系做出判断的过程。在绕道取食的实验中，把食物放在玻璃板后面，动物要拿到食物必须先绕过玻璃板，解决绕道问题是动物的顿悟，即一下子明白了阻隔的存在和解决的办法。较低等的动物对此只会兴奋地乱爬或是乱扑、乱撞玻璃板。但是，较高级的哺乳动物，如猩猩、狒狒、猕猴等都能很快地解决这个问题。

德国科学家沃尔夫冈·科勒对黑猩猩的学习行为进行了一系列的实验，证明黑猩猩的确具有一定的推理能力。科勒把香蕉挂在天花板上，屋内有3只木箱，黑猩猩只有把3只木箱堆叠在一起才能吃到香蕉。刚开始时黑猩猩到处乱跑，但一会儿后它就安静下来了，仿佛在思考问题，最终，它将3个箱子叠在了一起，吃到了食物。

在自然界中，高等动物也会使用工具。若发生群殴，山魈会用坚硬的石块击打对手，黑猩猩也会用藤条来抽打进犯的猩猩，还会用树枝伸到白蚁洞里掏白蚁吃。

动物教子有方

  自然法则表明，只有身体强壮的后代才有足够的机会独立地觅得食物。所以，动物对下一代的"教育"都非常严格。

  生活在非洲大草原的猎豹捕捉到受伤的斑马或羚羊后，不是立即将其咬死，而是有意将它放走，接着敦促尾随过来的小猎豹前去追赶猎物。小猎豹稍有怠慢，母豹就会毫不留情地扑打、驱赶它们，直到它们明白母亲的用意，抖擞精神，奋力追赶受伤的猎物为止。

  凶猛的母狮将猎物扑倒并咬伤后，立即用吼叫声鼓励幼狮前来撕咬，并示范如何撕开猎物的肚皮，取食其中的内脏等器官。道理很简单，如果幼狮闯不过这一关，是无法在竞争激烈的大草原上生存的。

  母狐对自己孩子的教育更具系统性。它们先将咬伤的田鼠放在孩子身边，让它们各自去咬、去打，接着鼓励孩子们相互争夺食物。然后，它们要求孩子们与负伤的田鼠格斗。最后是实战，母狐会带它们到树林、田野中去捕捉田鼠。正是出于对幼狐的关爱，母狐才有这份耐心，才会竭尽全力地去教小狐，让它们学会独立获取食物的方法。

  可见现实世界中的动物对自己的孩子不仅爱而不宠，而且很讲究方法。因为它们时刻面临着生与死的考验，只有那些健康的、适应性和竞争性强的生命个体，才有可能获得繁衍后代的机会，反之必定会被淘汰出局。

动物王国探秘

企鹅"托儿所"

企鹅是南极的象征,它们生活在高纬度地区的严酷环境中,并且顽强地抚育着小企鹅。其中,最有名的是阿德利企鹅的育儿方法及过程。每到南极的夏天,企鹅就会聚集到固定的繁殖场所开始繁殖。

阿德利企鹅的繁殖地在离南极海岸比较远的内陆地区,有时候企鹅们从海岸跋涉到繁殖地,不吃也不喝,并且不停地走7~10天。繁殖地的规模相当大,企鹅们会形成一个多达数万只的集体,多的时候,甚至会超过几十万只。

公企鹅会先回到繁殖地,选择一个自己满意的地方做巢,等待母企鹅的到来。大部分阿德利企鹅夫妇每年都是同一对在一起生活。其中也有因同伴死去而寻找新伴侣的,但数量很少。它们的感情非常深厚,很少会轻易离开彼此。

企鹅夫妇熟悉彼此的声音,它们通过鸣叫声来找到对方。找好伴侣后,阿德利

企鹅夫妇就会在它们用石块做好的窝里交尾产卵,每对夫妇的地盘只有1平方米大小。通常每次繁殖可以产2个蛋。产完蛋后,一直没有进食的母企鹅就会让丈夫照顾蛋,自己去海里觅食。当然,被留下的丈夫就得空着肚子继续孵蛋。

虽然被留下的丈夫空着肚子在那里孵蛋很辛苦,但出去找食的母企鹅也是非常累的。进食后恢复了体力的母企鹅很快就会回来接替丈夫孵蛋。

虽然是夏天,在极地仍然相当寒冷,阿德利企鹅必须在这样的气候条件下孵蛋,而且它们的巢是用石头做成的。虽然其保温效果并不十分理想,但别担心,企鹅父母自有一套别出心裁的方法来孵蛋。

它们先把蛋放在自己的脚掌上。这样,蛋就不会直接和冰冷的地面接触。不过光是这样还不够,它们还会把脂肪饱满的肚子覆盖在蛋上,以加快蛋的孵化。

企鹅父母下腹部的毛在孵蛋期会呈三角形脱落,露出肌肤,这叫作"孵蛋斑",也是大多数鸟类中常见的一种身体变化。但企鹅的绒毛很厚,而且露出的皮肤也有很多褶皱,蛋的很大一部分都被包裹在褶皱里。并且企鹅皮肤的表面有很

动物王国探秘

多血管浮出，这样就能形成温暖的"墙壁"。企鹅夫妇会把蛋完全包裹在肚子的这个部位，使蛋紧紧贴着"墙壁"来孵。这样，即使是在寒冷的气候条件下，蛋也不会变冷。这真是一个高明的方法。

企鹅夫妇就这样轮流进食和孵蛋，大约经过35天后小企鹅就被孵化出来了。在蛋孵化后的3个星期内，企鹅父母仍然和平常一样，一个留守巢穴，一个去补充能量和寻觅喂孩子的食物。小企鹅的食欲非常旺盛，随着它们身体的逐渐长大，父母运来的食物已经远远不够，于是，父母只好把孩子留在窝里，一起出去觅食。这个时候，被父母留下的孩子就会集合在一个地方，这个集合地被称为"托儿所"。

这个"托儿所"不单单只有小企鹅，还有"保姆"。担任这个工作的是那些还没参加繁殖的个体或是繁殖失败的企鹅。

"保姆"们会在"托儿所"的外围分散站立，把出来玩耍的小企鹅带回去，或是把袭击它们的大贼鸥赶走。通常一个企鹅集群里会有几个"托儿所"，有时候，不同集群的小企鹅们也会组成一个"托儿所"。

大贼鸥是阿德利企鹅最大的天敌，不少企鹅蛋和小企鹅都因被其袭击而夭折。而"托儿所"把父母不能看管的小企鹅们聚集到一起，这样就能使它们受袭击的概率比单独活动的时候低。

动物本领

识数的动物

俄罗斯曾有一匹智力超群的马，它在拉车运粮时，每次只肯拉20袋粮食。每次装车完毕，它总要回头"数数"粮车上粮食的数量，如果超过了20袋，它是不会拉的。这也许是偶然的巧合或是条件反射所致，也或许是动物的一种本能，具体原因还有待进一步研究。

科学家经过实验证明，鸡知道数量的多少。有人在鸡面前放了3个小盘，盘内各放1、2、3条虫子，结果鸡每次都是先到放2条虫和3条虫的盘中抢吃，而对放1条虫的盘子不屑一顾。这说明它们似乎知道2和3比1多，所以要先到虫子多的盘中抢食。

动物王国探秘

"心有灵犀"的动物

有一只名叫安东尼的狗,它和主人约翰·曼弗夫妇住在美国的弗吉尼亚州。

安东尼懂得人类的语言,经常和曼弗夫妇交流。在主人与安东尼说话时,它吠一声表示"是",吠两声表示"不是",吠三声表示"不知道"。有一次,约翰发现安东尼的声音有些嘶哑,便问它:"你是不是喉咙痛?"安东尼吠了一声。"一直都痛吗?"安东尼吠了两声。"是不是只在叫的时候才会痛?"安东尼吠了一声。于是约翰带它去看兽医,诊断结果是,安东尼喉咙发炎,只有叫的时候才会痛。

像安东尼这样能与主人进行心灵沟通的狗并不在少数。俄国的驯狗专家弗拉基米尔·杜诺夫就曾训练过一只名叫马斯的狗。他在房间里放置了几张桌子，上面分别摆上许多种物品。杜诺夫要做的是，在另一个房间里，以心灵感应的方式让马斯把其中一张桌子上的电话簿拿来。实验开始了，只见杜诺夫把马斯放在椅子上，双手握住它的嘴和鼻子，非常专注地凝视着它的眼睛，因为他想把自己脑子里的命令无声地传达给它。马斯两次走到门口，又两次返回到杜诺夫身边，表示它已经忘记了主人的指示。杜诺夫再一次重复他无声的命令，第三次，马斯终于走出房门，进入了另一个房间，不一会儿，嘴里叼着那本电话簿回到了主人身边。显然，杜诺夫不在另一房间的现场，因而马斯并不是因为受到主人的某种暗示才完成任务的。

还有一位叫贝卡特洛夫的科学家曾邀请杜诺夫到彼得格勒做实验。这次与杜诺夫合作的是一只叫比基的狗。总共做了六项实验，在做第五项实验时，贝卡特洛夫忽然提出要代替杜诺夫来做。按原先的计划，贝卡特洛夫要让狗跳到一张圆桌上坐着。下面这段话是他当时的实验记录："我全心全意地想着圆桌的形状，同时注视着狗的眼睛。没过一会儿，它便冲向圆桌，拼命地绕着它转圈。实验虽然失败了，但我反省后找到了原因：我当时专心想的不是圆桌，而是狗跑向圆桌，然后跳上去坐着的整个过程。这个原因相当关键。经过修正，第二次实验中，狗果然完全按照我的意愿去做了。"总之，贝卡特洛夫完全信服了。

东西方科学家们以"特例式"或"代表群式"给动物们做过无数次实验，证明人类可以通过心灵感应的方式把信息传达给动物，动物也同时具备接收、领会信息的能力。另外，动物本身也具有超感应能力，并能利用这种心灵力量去影响其他事物，以达到自己的目的。

动物王国探秘

会挣钱的大象

大象能帮人类做很多力所能及的事情,是人们的好帮手、好朋友。

在东南亚的一些国家,人们将大象捕获后,就会将其驯养成家象。驯养后的家象既能耕地,又能运木材。它们的力气非常大,长鼻子可以轻轻松松地卷携起重几吨的木材,还能按照主人的意愿将木材运送到目的地,而且会将木材轻轻地放到指定地点,还会用鼻子试一试放得是否稳当,如果不稳,它就会去找一些小石块来垫好。要是木材太长,另一头大象会主动来帮助它一起搬运。在锯木厂里,大象站在电锯旁边,会来回传送木料、成品,还能把木板堆得整整齐齐。

动物本领

在斯里兰卡，每当大象干完活，人们就会奖励给它们爱吃的香蕉、木瓜等水果。有人还教会了大象用钞票来换取水果。后来，人们为了鼓励大象多干活，有时还会赏给大象一些钞票。它们得到钞票后，会把钞票藏在树洞或者它们认为比较安全可靠的地方。当大象想吃水果时，就会用自己的长鼻子把钞票拿出来，然后到水果店，自己买水果吃。

大象不但可以帮助人类干体力活，它们还能当"警察"，维持公共秩序。印度某城市有一个秩序非常混乱的菜市场，当地政府很伤脑筋，不知道该如何治理。后来，他们想到请两头大象来整顿市场秩序。这两头大象用鼻子把占道经营的小贩的货筐和自行车等卷放到一边。违章者得向这两位"警察"交付25派萨（印度货币单位）的罚款，才能领回自己的东西。谁要是耍赖少给了罚金，这两头大象就会把这些钱币抛得远远的。弄不好，耍赖者自己还会被大象卷起，抛向空中，经过"大象警察"的整顿，市场秩序从此就变好了。

动物王国探秘

绵羊也会对你笑

英国剑桥大学神经科学家肯爵克经过研究后发现，绵羊能够分辨出人类的50种表情，也能认识其他绵羊的类似表情。他说，绵羊能辨认的表情之一就是笑，绵羊也会对人类做出笑的表情，而且绵羊比较喜欢微笑或者作其他一些让人放松的表情，绵羊认出这些表情的差错率不到5%。

英国剑桥巴都拉汉研究所的科研人员对羊进行智商测验后发现，羊的智商很高。他们让羊在电子显微屏上辨认人类，如果辨认正确就能获得奖励，结果，羊辨认的准确率达到100%，可见羊的智商很高。

猪的智慧

会救生的猪

意大利有位动物学家曾成功地训练了一对会救生的猪。这对救生猪曾在阿尔卑斯山区的雪崩中很快找到了3名被埋在雪中的旅行家。要是没有这两头救生猪的话，这3名旅行家的生命就岌岌可危了。因为他们被埋在雪崩深处，是很难被人类发现的。而猪的嗅觉非常灵敏，它们能嗅到被埋在雪中深处的人，所以被称为"会救生的猪"。

会缉毒的猪

德国汉诺威市警察局的警犬训练学校曾成功地训练了一头能帮助警察缉毒的猪，它的名字叫"路易斯"。路易斯在经过18个月的精心训练后，能嗅出藏在地下70厘米深处的毒品，而这个深度是一般狗的鼻子都不能嗅到的，可见猪的嗅觉比狗还要灵敏。

美国竟有"猪警察"

在美国的警察队伍中，近年来加入了一股新的力量，它们是一些训练有素的"猪警察"。如有一头名叫"阿诺特"的"猪警察"，它主要协助警方查找毒品。

动物王国探秘

会看门的猪

狗能看门守院是大家都知道的事,但猪能为主人看门守院,可能有些人还不知道。在印度南部的一些村庄里,家家户户都养有"看门猪"。这些"看门猪"身体高大,力气也很大,嘴巴很长,獠牙外露,看上去非常凶恶,坏人一看就怕。它们喜欢趴在主人的家门口,当陌生人登门时,它们便会"哼哼"地叫几声,以引起主人注意。如果坏人要强行入内,它们就会冲过去咬人,而坏人只能夺路而逃。

很聪明的猪

一般人都认为猪很愚蠢,其实猪是相当聪明的。英国伟大的生物学家达尔文曾说:"猪的智能并不亚于狗。"英国剑桥大学的科学家做过一个有趣的试验,他们把猪和狗分别放在冷室内,教它们如何按动电钮打开暖气,结果,猪只用1分钟就将暖气打开了,而狗却用了2分钟才将其打开。科学家经过多种实验证明,凡是狗能学会的技能,猪都能学会,并且它们学习的速度要快,学习效果也要好。所以,猪其实是一种很聪明的动物。

会捕鱼的猪

在南太平洋托克芬群岛的法考福岛上,生活着三百多头会游泳的猪,它们会捕鱼,鱼类是它们的主要食物。这些猪在寻找食物时,会在较浅的海水里游来游去,捕食一些小虾和软体动物,有时也能捕捉鱼类充饥。托克芬农业局局长希丹尤里说,他亲眼看到过这些猪抓住过约15厘米长的鱼,然后以很快的速度吞到了肚子里。因为鱼具有丰富的营养,即便是普通的猪也很爱吃。

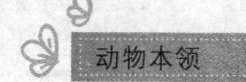

能干的猴子

在美国，人们会饲养猴子，让它们来充当"保育员"。瘫痪在床的病人在家里无人照料时，人们就会请猴子来帮忙；瘫痪者坐在手推车里，或者躺在床上，只要用手指向自己需要的东西，猴子就会马上将它取来，递到病人手上；取拖鞋、拿书或报纸，它们样样都会做；猴子还会给病人喂饭、开灯或关灯、在唱机转盘上装唱片、取钥匙帮病人开门等。

猴子还能干"护士"的活儿呢！有个日本兽医到非洲去旅行，带了一只机敏的猴子回国。他为猴子取名"葛歌"，并不时训练它，让它协助自己工作。只用了几个月的时间，许多护士的工作葛歌都会了，而且它还能很好地照料动物"病员"。如给"病员"喂食、搀扶"病员"散步、带领"病员"做康复运动等。当兽医给动物进行外科手术时，它就帮着递接剪刀、拿药品，帮兽医按住动物的四肢，防止动物乱动。

猴子还会当铁路"扳道员"。南非伊丽莎白港的一个铁路扳道员在一次火车事故中不幸被轧断了双腿，经医院抢救，虽然保住了性命，但却不能下地干活儿了。幸好他家里养着一只聪明能干的猴子，名叫"杰格姆"。对于简单的家务劳动，杰格姆一学就会，它还会照料花园里的花木。更让人惊讶的是，它居然当上了铁路"扳道员"，连续工作了9年，没有出过一丝差错。

新加坡养猴场的一只猴子能听懂至少25个马来语单词，人们只要发出命令，它就会以很快的速度按照主人的要求去做。比如，如果主人需要树叶和鲜花，它就会很快地爬到高大的树上，采摘主人需要的树叶和花朵。植物学家去森林采集标本的时候，常让它们当助手。

动物王国探秘

狒狒放牧

生活在非洲和阿拉伯半岛的狒狒，是一种大型猴类。狒狒头大，面孔光光的，身上长有浅灰褐色的毛；手脚又粗又壮，生有黑毛。雄狒狒身高70多厘米，从头部两侧到肩部都披着长毛，就像披着一件蓑衣，所以它们又被叫作蓑狒。

狒狒大都栖息在半沙漠地带，群居在植物稀少的石山上，以昆虫、小型爬行动物和野生植物为食。

狒狒很聪明，经过训练的狒狒可以帮人类做很多事情，是人类的好帮手。

非洲有个牧场，牧民们常会驯养狒狒来牧羊。有一天，狒狒赶着一群羊去草地吃草，在放牧的过程中，它发现少了两只羊，于是它立即赶回羊栏，并发出叫声，呼唤迷途的两只羊归队。后来，狒狒终于找到了这两只羊，原来是人们在挤奶后忘了把它们放出羊栏。

狒狒对自己的放牧工作既认真又负责。它每天都会按时赶着羊群到草场上吃草，羊离群了，它就会马上大声呼唤它们回来。太阳快下山了，它就会赶着羊群回家。羊妈妈回栏后，小羊羔肚子饿了，"咩咩"直叫，狒狒就会主动抱起小羊羔，送到它妈妈身边吃奶，从不会搞错。母羊只有两个乳头，假如它生了3只小羊羔，狒狒就会把另一只小羊羔偷偷送到生独子的母羊那儿去吃奶，工作做得既周到又合理。有这么称职的狒狒帮自己放牧，牧民们该是多么省心啊！

动物本领

黑猩猩的智慧

　　科学家曾经做过许多实验来观察黑猩猩是否具有"智慧"。在一次实验中，两位美国科学家对4只捕获不久的非洲黑猩猩进行饲养，并进行了"智力"测验：在同一间屋子里，将4只黑猩猩用铁丝网隔开，在屋子的一角放置2只完全相同的箱子，参加测验的人分别扮演"友好者"和"欺骗者"。开始时，几个"欺骗者"从箱子里取出香蕉当着黑猩猩的面自己吃得津津有味，几个"友好者"却从另一个箱子里取出香蕉给黑猩猩吃，然后让黑猩猩分别指出哪只箱子里有香蕉。黑猩猩对"欺骗者"旁的箱子指的是空箱子，表示了自己的不信任；而对"友好者"旁的箱子指的则是有香蕉的箱子，表示了友好和信任。

　　他们又进行了另一个实验：不让黑猩猩知道哪个箱子里有香蕉，"欺骗者"指着空箱子，表示里面有香蕉，黑猩猩相信了，但是它们上当了；"友好者"指着有香蕉的箱子，黑猩猩也相信了，它们吃到了香蕉。这时，有2只黑猩猩很快就知道该相信谁了。它俩对"欺骗者"的指点，先是不理不睬，过了一会儿，它俩就知道，"欺骗者"指的这只箱子肯定没有香蕉，这时，他们就会奔向另一只箱子去取香蕉。看来，黑猩猩在和人类相处的过程中，已经对信任和不信任有了一定的概念和区分能力，并且这还是一类比较复杂的关系，所以，它们有智慧是不可否认的。

动物王国探秘

狗的学习能力

学会潜水的狗

瑞典著名潜水员纳黑林的狗，名叫"拉吉"。它借助一种特制的潜水器，可深潜在海中达20分钟之久。在第一次潜水时，拉吉只潜到海底1.8米的深度，就急忙浮出了水面。后来，它的主人纳黑林与法国著名潜水员合作，研制出了适合拉吉使用的潜水器。从此，拉吉就成为世界上第一只加入人类潜水活动的狗。

潜水犬训练学校

在法国南部的葛拉马特市有一所专门训练潜水犬的学校。训练有素的纽约蓝种潜水犬体型高大，善于游泳，它能长时间待在冰冷的水中而不会冻僵。这种潜水犬可以代替潜水员在天气寒冷、风大浪急等恶劣的气候条件下从事安全抢救、打捞落水者的工作。

部队中的狗

早在15世纪，法国君主路易十一世就曾建立了一支军犬队作为他的内卫。第二次世界大战时，苏联将500条狗分别划分成了4个军犬连，作为反坦克的"敢死队"。美军

入侵越南期间，美越双方都使用军犬进行了侦察、干扰等活动。近年来，英国还训练了一支由狗组成的跳伞队，用于空降后搞破坏。在近距离的冲刺中，狗奋勇扑敌，常迫使手持武器的士兵失去战斗力。

会爬树的狗

一个名叫奥登的美国人特别喜欢狗，但非常讨厌猫。他说，经过训练，狗也一样会爬树。他选了一只名叫扁鼻的狗，当那狗只有1个月大的时候，他就开始训练它爬树，并且从不间断，渐渐地，扁鼻懂得了如何用爪紧抓着树干往上爬。1年之后，只要它一听到奥登的口令，就会敏捷地爬到树上，吓得树上的猫不断发出阵阵惊叫。现在，扁鼻能爬到7米多的高度。

会捡网球的狗

英国一家网球场驯养了一只专门捡球的狗。当运动员打球时，这只狗便会在球场外等候，球一出场地，它就会立即奔过去，用嘴巴把球叼起来，送到运动员手中，然后又会马上回到原来的地方准备拣下一个球。

狗叼足球入网

有一次，德国多尔蒙德足球队和吉尔布雷足球队经过1个多小时的激战后，双方的比分仍然是0∶0。比赛马上就要结束了，观众们断定这场球赛是难分胜负了。然而，就在这时，奇迹出现了。只见一只毛茸茸的小哈巴狗从观众区跑进了球场，用短短的小嘴叼起足球，在数万名观众、3位裁判员和22名运动员的眼皮底下，飞快地把球叼进了吉尔布雷足球队的球门。

会识别红绿灯的狗

美国有一位名叫戴继德的司机，因违反交通规则被拘押过。原来，他双眼的辨色能力很差，无法识别红绿灯的颜色。从那以后，他便训练了一条狗，开车时让狗

动物王国探秘

和自己并排而坐，并让狗根据红绿灯的不同颜色发出不同的叫声（狗虽然看不见绿灯，但却可以看见红灯和蓝灯，如果它判断没有红灯，那就表明是绿灯），于是，他便根据狗的叫声来开车，再也没有出过问题。

小狗会驾车"逃遁"

居住在美国宾州的布朗太太养了一只很聪明的小狗，名叫小老千。每次布朗太太去超级市场，都会将它留在车里。有一次，布朗太太从超级市场出来，发现狗和车都不见了，于是她马上报警。警察在距离超级市场约400米的地方找到了布朗太太的汽车。令人惊奇的是，小老千正笔直地坐在驾驶室里，两只前爪还放在方向盘上。原来布朗太太离开车时忘了关开关，小老千一不小心就驾车"逃跑"了。

动物本领

动物的生存智慧

会说谎的动物

　　动物学家们说，不仅黑猩猩、豺、狼、狗会说谎，即使是鸟和昆虫也会有意地欺骗人和同类，而使自己从中获利。这是科学家们经过研究后得出的新结论。克拉克大学研究专家米切尔发现了以下事实：一只黑猩猩在向其他同伴示意附近有香蕉，但当其他黑猩猩向有香蕉的地方走去时，这只说谎的黑猩猩却独自往真正有香蕉的地方走了过去。

　　一只狗因腿部折断而获得了主人的特别照顾，当它腿部的伤口痊愈后，这种特别的照顾就停止了，因此，狗就开始假装腿部受伤，来吸引主人的注意。它甚至用三只脚一瘸一拐地假装费力地走路，结果，狗又获得了主人特别细心的照顾。

　　动物园的一只黑猩猩假装被铁笼的支架压着了，当管理员匆匆忙忙地赶去救它时，它却突然放开手臂，抱住了管理员。原来，它使出这招"苦肉计"，只是为了有个伴儿。

　　河虾在蜕皮季节特别容易遭到敌人的侵袭，但当它们蜕去外壳

动物王国探秘

面对敌人时，反而会显出特别嚣张的气势。它们如此虚张声势，实际上是想吓退敌人。

狐狸既狡猾又缺乏母性，并且还常和自己的孩子争夺食物。当母狐狸发现食物时，为了能得到较多的食物，它们往往会发出一种虚假的警告信号，故意把小狐狸吓跑，然后自己独享美味。

鸟类中有一种莺的骗术也很高明。每到繁殖季节，雌鸟在巢中孵卵，雄鸟就隐藏在巢附近的草丛中守护雌鸟和子女。一旦有天敌接近它们的巢时，雄鸟就会故意用翅膀拍打草地，装作翅膀折断了飞不起来，把天敌的注意力吸引到自己身上来。当天敌扑向它时，它就会突然起飞，逃之夭夭。

更有趣的是，看起来笨手笨脚的海龟也会骗人。雌海龟一到繁殖期，就会爬到沙滩上，先用前肢掘一个深洞，把卵产在洞里，然后用沙把洞填平，使洞口跟自然的沙滩表面一样平整，让想偷蛋的人看不出一丝痕迹。最后，它们还会在离产卵洞附近的地方乱刨乱挖，以假乱真，令人难以分辨出它们真正的产卵场所。

动物本领

兔子的智慧

兔子耳朵的功用大

兔子的耳朵在动物界中是特别长的,并且还具有特别的功用。兔子在野生动物中属于比较弱小的群体,它们体型轻小,既没有粗长的角,也没有锋利的牙齿,更没有坚硬的利爪,并且还常常遭到捕食者的威胁,它们要眼观四面,耳听八方,所以耳朵必须特别长,而且还要特别大。在炎热的夏季,兔子的大耳朵还能帮助身体散热。寒冷的冬季,耳朵紧贴背部,则具有保暖的功效。

动物王国探秘

兔子可用于田间除草

荷兰的一个农业研究人员发现,家兔从来不吃番茄的茎叶,于是他们把兔子放进番茄地里,多放几次它们就能把杂草吃光,但番茄的茎叶却没有受到丝毫损坏。但兔子喜欢吃成熟的番茄,所以在番茄成熟时就不能将兔子放到田里了。

兔子能战胜岩鹰

有一种活跃在洼地里的野兔,如果遇到凶恶的大型岩鹰的袭击,狡猾的野兔会先拼命地逃跑,以求得侥幸逃脱,一旦发现逃跑无望,它们就会突然翻身使自己仰面朝天,然后在岩鹰那铜爪铁喙还没有到达的瞬间,猛地将身体贴地并弓起腰杆,将自己那一对强健的后腿,狠狠朝天蹬去,这一招往往会不偏不倚、不早不晚地猛击到岩鹰的胸部,轻者会使岩鹰负伤逃去,重者则会使其翻滚坠地,吐血而亡。

动物本领

蚂蚁认路

我们常常能看到一群群蚂蚁在忙碌地搬运着食物，看上去有条不紊，秩序井然。那么，它们是如何识别道路的呢？难道它们也会像我们人类一样用眼睛来认路吗？

其实，蚂蚁走路时的样子很像盲人，它们的触角跟盲人手里的竹竿一样，每走一步都会用两根"竹竿"不断地敲地，这是在探路。不过蚂蚁的触角比盲人的竹竿还要管用，因为它们的触角有两种功能：一是触觉作用，通过触角接触外部世界，就能探明前方物体的轮廓、形态和硬度，以及前进道路的地形起伏等情况。这跟盲人竹竿的作用是完全相同的；另一种是嗅觉作用，通过闻嗅来识别物体，并进而判断其是否对自己有用。这是盲人的竹竿所没有的功能。

蚂蚁在走路的同时，还会从腹部末端的肛门和腿上的腺体里不断分泌出少量的、带有特殊气味的化学物质，叫作"标记物质"，使其沾染在路上，留下痕迹。远离蚁巢的同窝蚂蚁在回巢的时候，就会用它们特殊的鼻子——触角，闻着这条气味

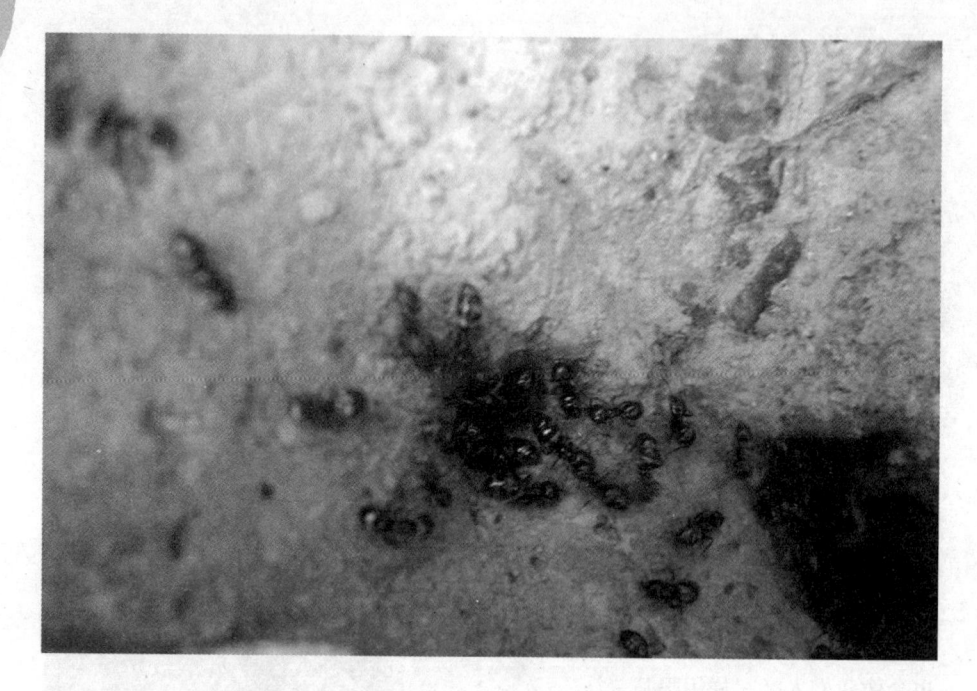

路标前进，这叫作"气味导航"。

但蚂蚁是用什么方法来重新建立新路标的呢？

它们采用的是另一种定位手段。那就是靠太阳的位置，用天空中的偏振光来导航，这叫作"天文路标"。偏振光是指只在某个方向上振动，或者在某个方向上的振动占优势的光。太阳光本身并不是偏振光，但当它穿过大气层，受到大气分子或尘埃等颗粒的散射后，就会变成偏振光。有一种生活在沙漠中的蚂蚁，在离开自己的巢穴时，总是弯弯曲曲地前进，到处寻找食物，可是一旦得到食物后，即使在离巢很远的地方，它们也能找到最直、最近的路线回到自己的巢穴。

科学家在蚂蚁身上做了一个实验，他们给蚂蚁戴上"有色眼镜"——使它们通过具有各种颜色的滤光片来观察天空。结果发现，让蚂蚁看波长为410纳米以上的光线时，蚂蚁就像迷了路一样，找不到方向了；但如果给它们看波长在400纳米以下的光线时，它们能很容易地找到前进的方向。而紫外线的波长正是在400纳米以下，也就是说，蚂蚁是用紫外线来导航的。

动物本领

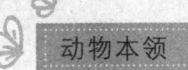

海洋里的"大夫"们

　　海洋动物也会生病。如果它们得了病，要到哪里去医治呢？别担心，因为海洋中设有专门的"医疗队""医疗站"，还有许多不辞辛劳、手到病除的"医生"呢！

　　在热带海域里，有一种叫作"彼得松岩"的清洁虾，它们常在鱼类聚集或经常活动的海底珊瑚间找到适当的洞穴，办起"医疗站"，全心全意地为海洋动物们免费治病。开始，彼得松岩虾在洞口舞动起长在头顶的一对比身体长得多的触须，前后摇摆身体，以招徕"病员"。从这儿游过的鱼要是想看病，就会游到"医疗站"去。这时，清洁虾就会爬到鱼的身上，像医生一样先察看病情，接着用锐利的"钳"把鱼身上的寄生虫一条一条地拖出去，然后再清理受伤的部位。有时，为了"治疗"病鱼的口腔疾病，它们还得钻到鱼儿的嘴巴里，在一颗颗锋利的牙齿之间穿来穿去，剔除牙缝中的食物残渣。对于鱼身上任何部位的腐烂组织，清洁虾绝不会留情，都会一一"动手术"将其彻底切除。登门求医的鱼很多，包括一些凶猛的鱼，有

73

动物王国探秘

时病鱼会依次等候"门诊",有时它们会争先恐后地蜂拥在"医生"周围。

生活在温带海域的清洁虾与生活在热带海域的清洁虾不同,它们不设立固定的"医疗站",而是组成流动的"医疗队",到处"巡回义诊"。它们治病细心、熟练,"手术"干净利落,对不同的患者都是一视同仁,深受"病号"欢迎。一条清洁虾在6小时内就能医治近300条病鱼。

别看这些"医生们"的外表平常,貌不惊人,但它们却很聪明。为了容易被"病员"识别及免于被凶狠的生物捕食,它们的身上都有特殊的标志。它们的外形、色彩和体态都很容易被认出来,同时也会受到特殊的保护。

假如有机会潜入深海,你就会看见一些凶猛的大鱼停在一种金黄色小鱼的面前,张开鱼鳍,一动也不动,小鱼见了,便会毫不犹豫地迎上前去,紧贴着大鱼的身体,用尖嘴东啄啄、西啄啄,甚至将半截身子钻入大鱼的鳃盖中。其实,小鱼这是在给大鱼"治病"。

鱼"大夫"身长只有3~4厘米,这种小鱼色彩艳丽,游动时就像一条飘动的彩带,因而当地人称它们"彩女鱼"。栖息在珊瑚礁中的各种鱼类,一见到彩女鱼就会游过去,把它们团团围住,甚至还有可能出现几百条鱼围住一条彩女鱼"求医"的现象。

这就是自然界中一种神奇的"合作"关系:"鱼大夫"用尖嘴为大鱼清除伤口的坏死组织,啄掉鱼鳞、鱼鳍和鱼鳃上的寄生虫,而这些脏东西正是"鱼大夫"的美味佳肴。这种合作对双方都很有好处,生物学上将这种现象称为"共生"。

沙漠动物的觅水本领

在"淡水贵如油"的沙漠里,动物们的生存竞争是围绕着水展开的。也正是在这种恶劣的环境下,动物王国的沙漠之子们都练就了一身觅水求生的本领。

巧用种子

生活在澳大利亚荒漠上的小蹼鼠就能够从土壤中吸取水分。

这种可爱的小动物是靠食用各种植物的种子来维持生命的,但当小蹼鼠在觅食过程中得到干燥的种子之后,它们并不急于将种子吃掉,而是会先将种子装进它们那特殊的颊袋中运回到洞穴里。这些干燥的植物种子的渗透压竟有400~500个大气压之高,足以将洞穴中的哪怕一丁点儿水分都统统吸收到种子里。在种子没有吸进足够的水分之前,小蹼鼠是不会吃掉它们的。通过这些植物的种子,小蹼鼠就能从土壤中得到身体所需要的水分了。

蓄水系统

在澳大利亚的沙漠里生长着一种浑身长刺的四脚蛇。在一般人看来,它们身上的那些小倒刺和突起物是专门对付食肉动物的防御武器,可谁承想到这些小倒刺还具备特殊的蓄水功能呢?

实际上,四脚蛇皮肤的角质层上有无数个小孔,小孔的开口在小刺之间的凹陷处,水滴正是通过小孔渗入皮肤的。四脚蛇的皮肤深层组织却没有小孔,水分并不能长驱直入向体内纵深渗透,但也没有就此打住或散失。水分在皮肤里朝四脚蛇的

动物王国探秘

头部流动,一直流到毛细血管网络汇合成的两个多孔小囊里。这两个小囊长在四脚蛇的嘴角两侧,是一对绝妙的水分收集器,四脚蛇只要动一下颌部,水滴就会自动冒出来。

所以,沙漠中常能见到四脚蛇浸泡在不可多得的水中,用其皮肤吸附大量的水分,汇集于囊中以备不时之需。而且,四脚蛇身上小刺的温度低于皮肤,一旦到了夜晚,小刺就能从空气中聚集水分形成水滴,并迅速地被"干旱"的皮肤吸收。

自身造水

在荒漠上生存的所有动物都有自身造水的本领,即通过动物体内的脂肪"燃烧"产生水和二氧化碳。

水被肌体保留和吸收,二氧化碳则被排出体外,为自然界中的植物所享用。蛇、蜥蜴、狮子、斑马、羚羊、长颈鹿和鸵鸟等动物,它们都在体内储存了大量脂肪,只不过它们的脂肪通常都不分布在皮下,而是在特殊部位储存着,如骆驼的驼峰、肥尾羊的尾巴。骆驼的驼峰可以储存110~120千克的脂肪;肥尾羊的尾巴也能存储10~11千克的脂肪。实际上,这些动物身上的特殊部位是沙漠之子们的天然储水器。

动物本领

狼群的分食原则

　　狼群在荒凉的雪地上奔跑着,它们已经好几天没有进食了,早已饥肠辘辘。但猎物就在前面,狼群拼命地追赶,终于,一只狼捕到了猎物。

　　接下来,它们就要开始分享猎物了。首先是最强壮的狼,即咬死猎物的狼先吃,然后是强壮的狼来分吃,最后才轮到身体瘦弱的狼。如果食物不够,体弱的狼根本就吃不上食物。猎物一吃完,狼群又开始奔跑起来,向下一个猎物追去。狼群就这样不停地奔跑着,以度过漫长的冬季。

　　狼群的分食原则是先强后弱。因为猎物总是跑在最前面的狼首先捕获的,没有它们,就无法捕获到食物。从另一个意义上说,跑在最前面的狼必须保持一定的体力,如果这一部分狼跑不动了,获取食物的难度也就加大了,这对狼群来说,导致的结果将是灾难性的。

残酷的公狼决斗

每年冬末春初的时节，处于交配期的狼就会形成较大的狼群。这时，常有几十只甚至更多的公狼，追逐着发情的母狼。

这种狼群往往带有很大的破坏性，哪怕母狼攻击的是一只凶猛的公牛，公狼也会立刻冒着被公牛踢死、顶死的危险，一拥而上，把这头公牛撕成碎块。当然，这种现象很少发生，因为处于交配期的狼群大都活动在人迹罕至的深山旷野里。

但是，像这样大的狼群保持不了多长时间。在追逐中，一些比较弱小、老迈的公狼，因为敌不过其他壮年公狼，在死亡和威胁的面前，它们就不得不退出这场角逐。只有极少数极其凶狠强壮的公狼才有机会接近母狼。然而在没有打败所有的对手之前，任何一只公狼都没有和母狼交配的机会。于是，一场接一场的激烈战斗便在群狼之间展开了。

有一次，哈萨克猎人巴图尔在打猎时目睹了两只公狼决斗的场面。当时，他藏

动物本领

在一棵树上。

决斗的两只公狼中，一只全身呈深灰色，长得更强壮一些，似乎也更年轻一些；另一只公狼的体表呈浅灰色，没有对手雄壮，年纪也要稍大一些。只见双方鬣毛直竖，四腿紧绷，双眼直直地瞪着对方。那种要拼个你死我活的劲头，即使胆大的人看了也禁不住胆战心惊。

它们互相攻击的过程十分惨烈，有时是刨起漫天尘土互相冲击，有时是相互撕裂、切割彼此的身体。在这场激烈的战斗中，唯一能保持冷静的便只有那只被追求的母狼了，它是这一场决斗的旁观者，不介入战斗，也不偏袒任何一方，只是静静地在一边等候，然后和胜利的一方离开，繁衍下一代。

出人意料的是，这场决斗的胜利者竟是那只没有对手强壮的浅灰色的公狼。

战斗开始时，它处于守势，两只肩膀都被对手撕开了，浑身都沾满了血。但它脚步不乱，无论对方从哪个角度攻击，都无法将它推倒。

等到对方攻势减弱，它在追逐中节省下来的力量才全部发挥出来。它开始向敌人进行有力的冲击，战斗的速度一加快，疲惫的一方便暴露出了自己的薄弱部位。

就在那只较大的公狼被冲歪身子，想转身保持平衡时，这只浅灰色的公狼已经闪电般地冲了过去，一口咬住了对方的咽喉部位……

被咬的狼将头激烈地左右甩动，并用前爪抓挠对方，把对方拖出20多米远，企图挣脱对方致命的尖牙。但是，那只经验丰富的浅灰色公狼却死死咬住并用牙齿切断了对手的喉咙，使之血尽气绝，结束了这场触目惊心的血战。

然后由这只最凶猛、最机智的公狼与母狼交配。狼的这种在繁殖中的竞争，是一种自然选择，虽然看起来很残酷，但却合乎科学道理：它使狼在种群的遗传中，一代比一代更凶猛，一代比一代更顽强。

动物王国探秘

大象跺脚传递信息

大象是生活在陆地上的体型最大的哺乳动物。提到大象，人们首先想到的就是它们那长长的鼻子。最近，美国斯坦福大学的最新研究报告显示，大象有一套非常复杂的"地震交流系统"，即通过地震波将信息传递给远方的同类，其主要方式是跺脚或用嘴发出"隆隆"的声音，从而使地面产生震动。

据悉，在动物界中，昆虫、鼹鼠、鱼、海豹以及爬行动物常利用震动信号来寻找配偶、确定捕食对象的位置以及划定自己的领地范围。但是，大象的地震交流方法看起来更复杂，信号也传播得更远。

研究人员发现，即使在听不到同类声音的情况下，大象也能通过地震波感知到同类发出的各种信息，包括用跺脚发出的警告信号、用嘴发出的问候信号等，并且能做出相应的反应。尤其是雌象对这些信号的感知度更高，也更敏感。并且，它们能发出20赫兹的低频率的"隆隆"声，这种声音在理想的条件下通过空气能传播到9.7千米以外的空气中。有研究人员说："我们认为大象通过它们的脚来感知地下的震动。震动波可以通过大象的骨头从它们的脚趾传到耳朵，或是大象运用了腿对地震的敏感性。"

研究人员指出，目前的证据表明，大象发出的地震信号不但能表明其所处的位置，还能传递出它们当时的情绪。

缝纫专家——缝叶莺

　　鸟类是动物界中的能工巧匠，许多鸟儿不仅歌声婉转动听，而且还有让人叹为观止的绝活。有的鸟儿会木匠活、泥瓦匠活，有的鸟儿会织布、编草，而有的鸟儿则会缝纫，比如会用"针"和"线"筑巢的缝叶莺。

　　缝叶莺体长10厘米左右，身上的羽毛呈橄榄绿或暗褐色，头顶的羽毛为棕色，就像一顶帽子。缝叶莺多分布在东南亚、印度及我国南部地区。它们生性好动，飞行速度快，飞翔时还会挥动它们长长的尾巴，主要以枝叶或花朵上的昆虫为食。在村庄附近的灌木丛和树林中经常可以看到它们活蹦乱跳的身影。

　　作为鸟类中的"缝纫专家"，缝叶莺用缝纫建造家园的绝活令人拍案叫绝。每年的4~8月是缝叶莺交配的时节，为了给自己的孩子们营造一个舒适的家，缝叶莺便早早地开始"穿针引线"，缝叶筑巢。筑巢前先要选择一个安全隐蔽的地方，同时要有两片大的树叶作为窝的基本材料。一切准备就绪后，缝纫工作就开始了。第一步是用嘴叼住树叶的一端，同时配合脚用力拨树叶，使之变成长长的像袋子一样的形状。第二步开始缝纫，它们的"针"就是它们那又尖又长的嘴，线则是早就找好的野蚕丝、植物纤维或蜘蛛丝，它们先用"针"在叶子边上弄一个小孔，在它们的"针"和有力的双脚的共同作用下，穿针引线，两片树叶就这样被缝合了起来。奇妙的是，缝叶莺还会像人类那样一边缝一边打结，以防脱线。缝好叶袋后，任务还没有完成，为了防止用来筑巢的叶子的柄部枯黄脱

动物王国探秘

落,它们还会找来一些草茎将叶柄固定住。然后会把巢做得有一定的倾斜度,这是为了避免雨水将干燥的巢窝内部淋湿。最后,它们还会在自己的窝里铺一些柔软的物体作为自己舒服的"睡床"。这样,一个精致的巢就缝好了。缝叶莺就是在这样一个安全、温暖、舒适的"家"中生儿育女的。

动物的巢穴与房屋

在自然界中，动物的窝巢各具特色。有的动物筑起的巢穴能置敌人于死地，防御性很强；有的动物筑的巢则既美观，又实用。

蜜蜂是动物界杰出的建筑师，它们设计的蜂巢不仅能遮风避雨，而且用的材料最少，空间利用率也最高。泥黄蜂在建筑自己的家园时，会先将土和水混合在一起搅拌成泥浆，然后为自己的宝宝搭建泥浆"育婴房"。别瞧不起这个小土墩儿，它不但能防风避雨，还能抵挡其他昆虫的入侵。用泥土构造的巢穴白天凉爽，夜间温暖，十分舒适。

人们从这些具有神奇功能的生物材料中受到了很大的启发。墨西哥人模仿泥黄蜂的巢穴建造了泥砖结构的房屋，白天能防晒，夜晚能防寒；印第安人也是用这种晒干的泥砖来建房的。如今越来越多的建筑师开始倾向于这个既古老又现代的建筑方法。建筑师威廉姆斯模仿印第安人早期建筑的会场形状，沿着洼地的线条建成了半圆形的卧室。建造房子的主要材料有泥土、黏土和稻草，掺杂在泥砖墙内的稻草起到了坚固墙体和保持室温的作用。建筑师们还将许多现代科技应用在了古老坚固的泥土构造中，看起来既和谐又漂亮。房子的房顶玻璃夹层中流动着聚苯乙烯颗粒，冬天将这种物质存放在一个装置中，白天让聚苯乙烯颗粒充分吸收阳光，将小颗粒放到房顶的玻璃夹层里，形成了一个保温的"帘子"。这种方法既不

动物王国探秘

影响居住的舒适性又可以节省一半的取暖费，还减少了二氧化碳的排放量，弱化了温室效应，可谓一举三得。

澳大利亚成群的白蚁常将洞穴建成5米高的土墩儿，平整的表面既可以利用早晚的日光又能免于遭到中午的暴晒。我们再仔细观察一下白蚁洞穴内部的多孔结构，其洞内有近4米深的地下水慢慢流过，阳光的热量使得凉爽而潮湿的冷空气上升，在整个洞穴中形成了对流，有助于保持洞穴内空气的新鲜。

生物体内的冷热调节功能是其存活的一个重要因素，是一个热量交换器。科学家们从人体的循环系统想到了一个办法：将细小的毛细血管状的管子环绕在墙壁内，就像人体内的动脉、静脉一样有热量交换的功能。如果把温度较低的水灌入这些小管子，墙壁的温度就会下降，它们与屋内的高温空气自动进行热量交换，从而达到制冷的效果。

为了达到保暖或制冷的目的，小细管通过热量的传输调节温度。我们可以将小管子安装在天花板、地板或墙壁里，还可以用一些装饰物装饰起来。这种隐形空调的价格和成本要低廉很多。由于没有气流的流通，你也许不会注意到这是一个装有空调的房间，而如此节约、方便的生物空调必将受到欢迎。

动物猎食，各显神通

食物是动物们维持生存的基本条件。只有捕获到足够的食物，它们才能生存下来，成长也才能得到保证。在猎取食物的过程中，它们也是花招百出。

在地球上一些气候比较寒冷的地区，生长着一种身体非常强壮的豹。这些豹在捕食猎物时，似乎会首先思考一番利弊。在追捕猎物中，它们首先考虑的是热量的得与失。

例如，豹在追赶一只野兔时，如果追了200米还追不上，它们就会马上放弃。因为即使追到它，吃掉野兔所产生的热量也远不及追赶野兔时所消耗的热量。但如果是追捕像野马、山羊、鹿等体型较大的猎物时，它们就会表现出顽强的毅力和恒心，并且会进行长时间的追捕，因为只要追捕成功，在追捕过程中消耗的热量很快就会被补充回来，所以得大于失。

动物王国探秘

动物的觅食智慧

生活在澳大利亚的雌性袋鼠的腹部有一个育儿袋，这是它的"作案工具"。它"偷窃"的东西一般都会放到这个育儿袋中。袋鼠在逃跑时身体站立，靠两只强壮的后腿跳跃，袋口向上，所以它一点都不用担心袋子里的东西会滑落出来。袋鼠偷到东西后，除非你能逮住它，否则你只能看着你的东西有去无回。

更有趣的是老鼠偷鸡蛋，看后让人不得不承认老鼠确实聪明。鸡蛋又圆又光滑，老鼠的嘴又那么小，爪子也那么短，它们怎么才能将鸡蛋运走呢？这可难不倒聪明的老鼠。因为在这种情况下，它们通常会采用"集体合作"的方式。先让一只老鼠用四只爪子把鸡蛋抱在怀中，然后由同伴咬住它的尾巴用力往自己的巢穴方向拖，鸡蛋就这样被拖入了洞中。

刺猬则是充分利用浑身的尖刺来搬运食物，特别是它们运枣的方式更是令人叫绝：它们会先爬到枣树上，用力摇晃树枝，把枣摇下来，然后爬下树，在地面滚上一圈，身上的尖刺就能扎住很多枣，然后，刺猬就会回到洞中开始享用这些美味。

屎壳郎运粪的办法也很高明。它们利用滚动的原理，把粪弄成一个个球形，然后推着粪球滚动前进，这样就轻松多了。

下面我们来看看抱着石头砸海贝的海獭。海獭只分布在北太平洋中，体长约1米，重约40千克。它们的取食方式也非常特殊。

当采到海胆时，海獭往往会用两个前肢各抓一个海胆，互相用力碰撞，使海胆的壳碎裂，然后舔吸海胆的内脏。对海贝这类有坚硬外壳的食物，海獭会同时从海底捡来石块，连同海贝一起挟在前肢下松弛的皮囊中，浮上水面后立即仰游，然后用石块用力将海贝壳击碎，吞食贝肉。有人曾观察到，一只海獭在1.5个小时内可以采回54个贻贝，在石头上撞击了2 237次，这期间它们一连几次潜水都携带着同一块石头。

动物王国探秘

红眼豹捕食先声夺人

在非洲的大草原上,生活着一种红眼豹。这种豹不仅嗅觉灵敏、动作敏捷,而且还十分聪明。当它们捕食野猪的时候,也就是将它们的机智体现得最淋漓尽致的时候。

当红眼豹碰到野猪群时,它们并不急于发起攻击,而是先冷不防地发出一阵大吼,那吼声就像是晴天突然响起一声闷雷。野猪群会被这突如其来的巨大而恐怖的叫声惊吓住,锐气也会大减,然后一窝蜂地掉头四散逃窜。这时,红眼豹便会乘机尾随其后,紧追不舍。经过几千米甚至上万米的奔逃,野猪中的老弱病残者就开始掉队了,这时,红眼豹就会不失时机地以极快的速度猛扑上去,一阵噬咬,然后美美地饱餐一顿。

动物本领

鹊鸲"仿声"诱敌

分布在我国四川、河南等省的鹊鸲,食量很大,每到繁殖季节,它们的食量更是会大大增加。为了确保雏鸟的健康成长,鹊鸲每天都要喂雏逾百次。为了获得足够的食物,鹊鸲除了直接寻找蝗虫的幼虫、苍蝇、蚂蚁、金龟子等昆虫外,它们还会模仿多种夜行性昆虫的叫声,以诱捕到更多的食物。

动物学家经过调查后发现,鹊鸲至少能发出6种不同的鸣叫声,这些叫声在金铃子、油葫芦、蟋蟀、蝼蛄等昆虫听来都非常顺耳,极具诱惑力。每当鹊鸲发出这些具有诱惑力的叫声时,昆虫们便以为是"盟军"在呼唤,并纷纷用回声来响应,甚至主动爬出洞穴。这时,捕食欲旺盛的鹊鸲便会主动上前猎捕。就这样,鹊鸲生活范围内的不同种类的昆虫大都成了它的美食。

动物王国探秘

苍鹭伪装捕食

苍鹭多生活在日本,它们觅食的方法非常独特。当苍鹭的肚子饿得发慌时,它们便会瞪直眼睛,注视着池塘中游来游去的小鱼。当它们发现小鱼时,就会飞到附近的树林中,衔来一根嫩枝,并将其折成几段,再丢入池中,还不时地用嘴移动小树枝。水中的鱼儿误以为是小虫,就会浮上水面来抢食,苍鹭便可乘机捕食,美美地饱餐一顿。

动物本领

聪明的食蚁兽

当食蚁兽发现蚁穴时,它们就会用尖锐而弯曲的前爪把蚁穴抓破一个洞,然后把细长并且富有黏液的舌头伸入洞穴。它们的舌头非常灵活,当黏满白蚁、蚂蚁或蚁卵之后,它们就会立即将其送回口中饱餐一顿。

食蚁兽捕食后不会破坏整个蚁穴,当它们吃掉蚁穴的一部分蚁类后,就会离开再寻找其他的蚁穴。这个被攻击过的蚁穴在很短的时间内就能恢复正常,等蚁穴复原,食蚁兽就会再度光顾。它们从来都不会一次吃光整窝的蚁类,因为那样的话,它们就有可能断粮。你瞧,食蚁兽多聪明呀!其实,它们的这种进食方法或原则也是可持续发展的一种体现。

动物王国探秘

鹈鹕团结捕食

　　鹈鹕是大型水鸟，它的一对翅膀伸展开来的宽度在1米以上，身长可达2米，体重10~20千克。这样的身长与体重，在鸟类中算得上是庞然大物了。

　　不但如此，鹈鹕还有一个长约30厘米的大嘴巴。它的喙扁长，下颚非常发达，有一个呈屋斗型、伸缩自如的红色喉囊。远远望去，它们的脖子上就像挂着一个红色的大袋子，这也是鹈鹕一个非常有趣的特征，极易辨识。

　　鹈鹕的体重在鸟类中虽然很重，但由于它们的皮下组织、骨腔、羽毛里等都充满了空气，并且它们的脚趾间都长有蹼，所以它们不但能像软木塞一样浮在水面上，而且还善于游泳，这对它们捕食鱼类是大有帮助的。

　　鹈鹕身强体壮，食量很大，平均每天要吃2千克左右的食物。它们除了喜欢吃

动物本领

鱼类，还爱吃青蛙、小鸟、甲壳动物等。它们不会潜水，有时会因啄食河蚌反被蚌壳牢牢夹住嘴巴，最后窒息死亡。

鹈鹕捕食的方式非常有趣。全世界共有7种不同种类的鹈鹕，只有分布在美洲沿海地区的褐鹈鹕采用从空中俯冲而下插入水中的捕鱼方式，其余6种均采用互助合作的方式捕鱼。

我们经常能看到20只左右的鹈鹕在水面上围成一个半圆形，一边游泳，一边伸开宽大的翅膀，用力拍打水面发出声响。原来，它们是想把鱼群驱赶到水浅的地方，然后它们就会张开大嘴巴，把一条条鱼儿捞入自己戽斗型的红色喉囊里。然后收缩喉囊，水就会被排出嘴外，这样它们就能饱餐一顿了。

鹈鹕的这种互助合作的捕鱼方式，既省时又省力，并且还能捕到更多的鱼，从而大大提高了捕食效率。

动物王国探秘

捉蛇能手——雕鸮

雕鸮是我国鸮类中体型最大的一种，捕鼠的能力自然不在话下。但它们真正令人惊叹的绝活是非常善于捕捉凶猛狡猾的蛇。当它们发现蛇从草丛中缓缓爬出来的时候，就会立即变得兴奋起来，眼睛发出炯炯的光芒，并且转动着圆圆的脸盘，似乎在心中默默估算着对方的实力。然后它们就会瞄准蛇的头部，从树上猛扑过去。可惜进攻没有成功，因为它们没有算准蛇的要害部位。蛇非常愤怒，并且已经开始发起反击。它以极快的速度转过身来企图用自己的身体将雕鸮缠住。这是最危险的时刻，也是反败为胜的最佳时机。雕鸮展开巨大的双翅，巧妙地躲开了蛇的缠绕。此时蛇已经有些疲惫，并疏于防守，雕鸮立即用锐利的爪子刺穿了蛇的鳞甲，深入到蛇的身体里，然后用喙猛啄蛇头后面相当于心脏的部位。痛苦万分的蛇经过激烈的挣扎，终于体力不支，松开了身体，成了雕鸮的一顿美餐。

豺狗的捕食智慧

有一种被称作"豺狗"的动物，非常狡猾凶残，善于群体捕猎，且配合十分默契，猛兽看到它们都会躲让不及，堪称"山中之王"。

豺狗喜欢群居，经常三五成群一起活动。一旦发现猎物，其中一只豺狗就会连吓带"哄"地尽量拖住猎物，不让猎物逃得太快，而其他几只豺狗就会分别从两侧夹击，堵住猎物的逃路。这时，猎物进退两难，靠近其尾部的豺狗就会乘机跳上猎物的背部，然后用利爪掏出猎物的肠子，在猎物肚空血尽之时，豺狗便会一拥而上，抢拖撕咬，将猎物吃得干干净净。

豺狗常会捕食野猪和山麓等中小型的野生动物，有时也会到乡村附近偷猎家畜。当遇到牛时，便会有一只豺狗跑到牛的面前嬉戏，另一只豺狗则跳到牛背上用前爪在牛屁股上抓痒。当牛感到无比舒服而翘起尾巴时，豺狗便会乘机痛下"杀手"。

豺狗非常狡猾，当它们发现幼小的羚羊时，不会直接对其发起攻击，而会先向母羚羊发起挑衅。这时，母羚羊会先将小羚羊放在一边，然后用自己的双角勇敢地迎接豺狗的进攻。雄羚羊也在附近，它牢牢守护在小羚羊身边。豺狗想对它发起进攻，但由于它的双角坚硬而锋利，豺狗根本不是它的对手。因为雄羚羊要保护孩子，所以不能前去为"妻子"助阵。

动物王国探秘

但是，有的时候，雄羚羊因担心自己的"爱妻"斗不过豺狗，常常会控制不住自己，将子女放在一边，跑去和妻子一同与豺狗战斗。这也正中了豺狗调虎离山的奸计。这时，马上会跑出另一只豺狗，把小羚羊飞快地叼走。等到同伴叼着小羚羊走远后，豺狗们就会主动收兵，去庆贺胜利，饱食羚羊肉。

豺狗是山林一霸，然而，在举止斯文、行动笨拙的大熊猫面前，它们却很少占到便宜。豺狗袭击大熊猫时，大熊猫只需用前脚将头抱住，全身紧缩成一个大圆球，然后一骨碌滚下山坡。当大熊猫看到一只豺狗已经冲到自己面前的时候，它们就会以大树为后盾，毫不畏惧地坐在树下，与豺狗摆开阵势。当豺狗扑过来时，大熊猫便朝豺狗狠击一掌，往往会将豺狗打得晕头转向。

螳螂捕食

　　说起螳螂，大家都会想到它们特有的一对捕获足，那是螳螂捕食的撒手锏，也为它们赢得了"虫国猛虎"的美誉。

　　螳螂是冷面杀手，无论比它们小还是比它们大的昆虫，它们都毫不畏惧，"挥刀就砍"且速度极快，整个捕猎过程只需0.05秒。

　　螳螂不仅习性凶猛好斗，而且捕食方式也诡诈多变。螳螂的拟态为它们采取突然袭击提供了便利条件。分布在热带地区的黔螳螂，常将前足拟态成花瓣状，然后偷偷埋伏在树叶和花丛中，乍一看就像一朵盛开的紫白色的兰花，许多前来采蜜的昆虫就这样被它们吞到了肚子里。有一些螳螂喜欢拟态成树叶和树疤，守候在黄蜂经常出入的地方，往往能出其不意地将黄蜂捕获。还有一种生活在热带沙漠地区的螳螂，身体呈绿色，头部有一扁平突起，光滑明亮，当它们伏在草丛中时，头部的突起物就像一滴露珠那么晶莹透亮，能吸引大批昆虫前来解渴，结果都无一例外地成为螳螂的美食。

动物王国探秘

法国著名的昆虫学家法布尔对螳螂捕食的场面做过详细而精彩的描述:"螳螂发现了一只灰色的大蝗虫,它突然摆出了可怕的姿势:张开翅膀,斜斜地伸向两侧,后翅直立,看起来就像船帆一样,身体上端弯曲得像一条曲柄,并且发出毒蛇喷气的声音。它们把全身的重量都放在后面的四只足上,身体的前部完全竖起来,一动不动地站着,眼睛直直地盯着蝗虫,蝗虫只要稍稍移动,螳螂也会随之转动它的头。这种举动的目的很明显,就是要使对方产生强烈的恐惧心理,并且不战自败。果然,蝗虫这种昆虫世界中的跳高、跳远冠军,此时似乎忘了逃走,而只是傻愣愣地趴在原地,甚至还会莫名其妙地向前移动。当螳螂可以够得着它的时候,就用两爪出击,两条锯子似的前足重重地压下去,这时蝗虫再抵抗也没有什么作用了,最终成了它的猎物。"

俗话说:"虎父无犬子。"即使是刚孵化出的螳螂幼虫,也能捕食粉虱、蚜虫、叶蝉等小型害虫,其捕虫期可达4~5个月之久。

北极熊的捕食策略

北极熊对于游速远远超过自己的海豹等猎物常常会"智取"。当发现远处冰块上有海豹在休息时,北极熊就会悄悄地潜水过去,上岸后会先用前爪遮住自己黑色的鼻子,然后出其不意地出现在海豹面前,海豹在措手不及的情况下,通常会因为来不及逃跑而成为北极熊的猎物。

北极熊有时也会趴伏在冰窟窿附近的冰块上,耐心地等待海豹露面。当海豹露出海面呼吸时,它就会以"迅雷不及掩耳"之势,突然冲上前去用前爪猛击海豹的头部,有时还会借助冰块杀死猎物。北极熊每天至少要吃4千克的海豹肉,如果捕杀的海豹较多,它们就会只吃其皮和脂肪,其他部分则会被北极狐等动物分食。

当成群的野鸭在河里潜游时,北极熊会悄悄潜到野鸭的身下,然后用自己的前爪用力地抓住野鸭的爪子。至于长着獠牙的成年海象,在海岸上也敌不过北极熊,而只能逃到水中去躲避。

动物王国探秘

狡猾的赤狐

赤狐是杂食性动物，家鼠、田鼠、黄鼠、袋地鼠、金花鼠等在内的各种野鼠和野兔都是它的主要食物，而鸟、鸟蛋、蛙、鱼、昆虫以及草莓、橡子、葡萄等野果或浆果也是它爱吃的食物。如果食物一时吃不完，赤狐就会精心选择一个隐蔽的地方，将食物小心翼翼地埋藏起

动物本领

来，再经过一番伪装，消除各种痕迹后才会离开。

赤狐生性狡猾，记忆力很强，听觉、嗅觉都很发达，行动敏捷且耐久力强。赤狐不像其他犬科动物多半以追捕的方式来获取食物，而是想尽各种办法，用计谋来捕食猎物。它常常会出现在植物茂盛且野鼠、野兔活动频繁的地带，根据气味、足迹和叫声等来寻找猎物的踪迹，然后机警地、不动声色地接近猎物，甚至将身子完全趴在地上匍匐前进，以免惊吓到猎物。捕猎时，赤狐会钻入洞穴之中或者岩石、树木之下，并蹲伏下来，做好伺机而动的准备，然后先轻步向前，紧接着加快脚步，最后变成疾跑，突然出击抓捕猎物；有时还会假装痛苦或追着自己的尾巴来引起穴鼠等小动物的注意，等它们靠近后，再突然上前捕捉。

狐狸

狐狸的狡猾是众所周知的。有一只狐狸,从一个小孔钻进了一个鸡舍,贪婪地吃光了里面所有的鸡。谁料,正当它拍着圆鼓鼓的肚皮、心满意足地准备"撤离"的时候,却发现自己因为肚皮太大,已经无法从进来时的那个小孔脱身了。这可怎么办呢?第二天早上,养鸡人发现一只死狐狸躺在自家的鸡舍里,便把它拖到野地里准备埋掉。可是一到野地,"死"狐狸在鸡主人挖坑的时候,突然奇迹般地跳了起来,一阵风似的狂奔而去。狐狸就是这样靠着装死的伎俩逃生的。

猴　子

　　还有一个关于猴子诈死的故事也非常有趣。有一只猴子,因为总被主人用链条拴在一根柱子上,所以,它总是习惯性地蹲在柱子顶端。一群乌鸦看到猴子经常蹲在那里,便趁它不注意,抢走了它所有的食物,猴子因此经常饿肚子,它非常恼火。

　　一天早晨,乌鸦们发现猴子好像生病了,无精打采的。只见它慢慢从柱子上爬了下来,双手捧着胸口,后来又在地上打了几个滚儿,不一会儿,竟四肢僵直,双眼紧闭,僵硬地躺在地上不动了。乌鸦见状,以为猴子已经死了,便都围了上来,打算把猴子剩下的食物全部抢走。有一只乌鸦也许是太高兴了,竟然得意忘形地一路跳、一路叫,当它跑到猴子身旁时,谁料这只猴子突然一跃而起,飞快地抓住了它。猴子喜怒交加,它狂笑着拔去了乌鸦身上所有的毛,又狠命地把它扔到了地上。这样一来,猴子既保住了自己的食物,又报了仇。当然,从此以后,乌鸦们再也不敢打猴子食物的主意了。

动物王国探秘

昆虫的自卫方法

为了求得生存，繁衍后代，在长期适应环境的过程中，昆虫形成了多种"自卫术"，常见的有：

保护色

生活在青草地上的蚱蜢，身披一件绿色的"外衣"，与其栖息的环境色彩相一致。这样，就连目光敏锐的鸟儿也很难发现它了。

警戒色

瓢虫又名"花大姐"，背部呈橙红色，还镶有几粒或十几粒的黑色斑点。形状和色彩看上去都很奇怪，从而引起鸟儿的警戒。

动物本领

拟态术

生活在南方竹林中的竹节虫，当它静止时，六肢会紧紧靠着身体，触角和第一对细足会重叠在一起，向前伸直。当它趴在竹枝上时，活像一根分节的小竹枝条，隐蔽得十分巧妙。

恐吓术

螳螂在面临危险时，身体就会耸立，网状的大翅膀也会张开，并会高高举起自己的两把"大刀"，摆出一副要砍向敌人的架势，吓得敌人转身逃跑。

动物王国探秘

假死术

当叩头虫受到惊吓时,会蜷缩六足,仰面朝天,躺在地上装死。等到周围都没有动静时,它才会猛然收缩身体,"嘭"的一声,来个"前滚翻",然后匆匆逃走。

断足术

有一种蚊子的足部特别长,足关节间的相连处很脆弱。当受到外来袭击时,它常会先将足部举起;如果足部被敌害咬住,它便会断足溜走。

烟幕术

放屁虫受到惊扰时,常会用两条后腿往地上一撑,然后猛然收缩肌肉,"轰"的一声,从肛门里排出一股带有硫黄气味的气体,自己则乘机逃之夭夭。

动物本领

斑马的自我牺牲精神

当大群斑马受到狮、虎等猛兽的攻击时，大部分时候它们都是集体拼命逃跑，但当它们发现已经来不及逃走的时候，为了保护大群斑马的安全撤离，常常会有一头年老的斑马奋不顾身地掉转头冲向猛兽，和对方来一场你死我活的斗争，如果还是无法战胜敌人，它就会长嘶一声，就地倒下任凭敌人吃掉自己。

动物王国探秘

麻雀拟伤

麻雀属鸟纲雀形目雀形科，因为羽毛上分布有麻点而得名。麻雀生性活泼好动，喜欢到处玩耍。它们似乎对人类充满了好奇，因此喜欢和人类接近，并且经常在人类居住的附近活动。

不过，麻雀对人类有一定的防备，总是保持在恰当的距离，以保护自己。它们有时会在阳台上玩耍嬉戏，似乎不害怕人类，但当我们走近时，它们就会迅速飞走。

鸟类为了保护它们的幼鸟，大都会表现出拟

伤行为，麻雀也不例外。所谓拟伤行为，是指亲鸟假装受伤来欺骗敌人，以救助幼鸟的行为。

比如我们在路边捡到一只还不太会飞的幼小麻雀，正打算将它带走时，会突然间飞来一只麻雀，就像受伤了一样躺在地上，当我们放下手中的小麻雀，准备去查看它受伤的情况时，它却突然起身带着小麻雀迅速飞走了。这就是麻雀的拟伤行为。

麻雀的身形虽然比较小巧，但它们对环境的适应能力却很强。在气候适应方面，一年四季我们都能见到在觅食或是嬉戏着的麻雀。不论在烈日高照的炎夏，还是在冰天雪地的寒冬，都能看到它们活跃的身影，这也体现了它们良好的环境适应能力。

胡须弹涂鱼扮小丑求爱

在澳大利亚的东北海岸，生活着一种能在陆地上生活的鱼类——胡须弹涂鱼，它们也是世界上唯一一种能在陆地上生活的鱼类。

胡须弹涂鱼善于在地下打洞穴居。每到繁殖季节，雄鱼的身体便会由褐色变为较浅的灰棕色，并扮成小丑的模样向异性求爱。它们将尾鳍尽可能地竖起来，然后猛地绷直身子，在空中翻一个跟斗，就像是小丑在表演一样。这种连续不断的动作往往会引起雌鱼的注意，受到雌鱼的喜欢，不过有时，它们的这种表演还会引来"情敌"。这时，它们就会更加卖力地表演，有时还会加进一些特技动作，以免"意中人"被别人抢走。在表演中，它们每隔一段时间都会停下来观察，看雌鱼是否对自己有兴趣或有没有被"情敌"带走。有时候它们还会钻到自己的洞穴中，然后很快又会钻出来，以此来炫耀自己。

雌鱼一旦钻进洞穴就出不来了。因为这时，雄鱼会以极快的速度赶到洞口，含起一些泥土悄悄将洞口堵住。而雌鱼只得顺从地做它的"新娘子"。

动物本领

角马的"调包计"

在非洲的塞仑盖特大草原上,生活着一种相貌古怪奇特的兽类。它们的体型看上去很像马,但它们的头上又长着一对像水牛角一样弯弯的犄角,额部和颈部还生有密密的鬣毛。因此,人们根据它们的长相为其取名为"角马"。

角马既不是马也不是牛,而是一种大型羚羊。它们喜欢集群生活,常常几万头、几十万头甚至上百万头聚集在一起,组成浩浩荡荡的"大军"在大草原上迁徙。

动物王国探秘

　　浩荡的角马群引来了垂涎欲滴的食肉动物。狮子、猎豹和鬣狗常常紧紧地跟随在它们的后面，伺机将老、弱、病、残和掉队的角马吃掉。在角马群中有许多怀孕待产的雌角马，因为它们在生产的时候往往会离群，所以最容易受到食肉野兽们的袭击。为了保护自己和后代，雌角马生就了一套同敌人进行周旋的特殊本领。

　　鬣狗是角马最危险的敌人，雌角马发现它们上午一般都躲在土洞里睡觉，于是雌角马便将分娩的时间选在了上午。为了避免自己势单力薄被敌人伤害，怀孕的雌角马还会聚到一起行动，集体进行分娩。虽然雌角马生产的速度很快，只要十几分钟，但小角马要在3天以后才能跟随母亲快速奔跑。这3天对于角马母子来说都是相当关键也是性命攸关的3天，不过，我们也不必为角马母子担心，在这几天里，角马母子如果遇到鬣狗的袭击，角马妈妈就会在危急时刻把产后还一直留存在体内的胎盘迅速排出。当鬣狗争食这一美味时，一时还顾不上攻击小角马，角马妈妈便会带着小角马迅速逃离。这便是雌角马的"调包计"，往往能在关键时刻帮助它们脱险。

动物本领

会"金蝉脱壳"的睡鼠

人们常把在危急关头像蝉脱壳一样,将无关紧要的外壳留下来以分散敌人的注意力,从而使自己巧妙脱身的计谋叫作"金蝉脱壳之计"。其实,有很多动物,为了逃避敌害,求得生存,都会使用这个计策。像蜥蜴、虾和蟹这些爬行动物、节肢动物,当它们的足部或尾部被敌害捉住后,它们就会弃足弃尾而逃,这样,虽然丢掉了足或尾,但却保住了性命。而且用不了多久,它们新的足或尾就会重新长出来。

睡鼠是一种生活在树上的小动物,它们时常会被一种外形很像山猫的野兽追捕。虽然睡鼠很会爬树,但是它们的对手也是爬树的能手,而且它们一见到睡鼠就会穷追不舍。遇到这样凶悍的敌人,睡鼠看来是在劫难逃了,然而,就在对手咬住睡鼠尾巴的时候,奇迹发生了:只见睡鼠将尾巴上的皮整个落下来,留在了敌人的嘴里,然后拖着已经没有了皮毛的尾巴迅速溜走了。当敌人还在为捕捉到"猎物"欣喜若狂的时候,它哪里会想到自己是中了睡鼠的"金蝉脱壳之计",当它们醒悟过来,为时已晚。虽然"金蝉脱壳之计"是睡鼠的保命绝招,但它们终生只能使用一次,因为尾皮脱落后就不会再长出来了。那裸露的尾巴会逐渐萎缩,然后被睡鼠自己啃食掉。没有尾巴的睡鼠的尾根处会长出一簇长毛,看到这样的睡鼠,人们就可以断定它们曾经有过一次九死一生的经历。除了睡鼠,黄鼠、山鼠也具有这一奇特的本领。

动物王国探秘

天蛾"偷梁换柱"

吃厌了树叶的天蛾知道蜂蜜的味道非常香甜,于是,它便打起了蜜蜂的"主意"。它飞到正在采蜜的工蜂身边,只需轻轻一声"呼唤",工蜂便会立即停止"工作",然后像向导一样领着天蛾向蜂房飞去。

原来天蛾有一个奇

动物本领

怪的特长，那就是善于模仿年轻蜂王的声音，并且模仿得惟妙惟肖，工蜂听到这种声音，不会有丝毫怀疑。

蜂群是"社会性"极强的组织，蜂王的权力至高无上。无论蜂王到哪里，它的前后左右都簇拥着由工蜂担任的侍从蜂。蜂王休息时，侍从蜂会一口一口地轮流献上珍奇的王浆和香甜的蜂蜜来供奉这位尊贵的母亲。蜂王所到之处，工蜂会纷纷让道回避。若蜂王有巡查巢房的"旨意"，工蜂们会义无反顾地用自己的身体搭起"索桥"，以供蜂王通过。

在工蜂的引导下，天蛾来到蜂巢旁，同样以声音作为"敲门砖"。负责警卫的蜜蜂以为是蜂王驾到，急忙施礼迎接。天蛾毫不客气，直奔蜂巢，一顿饱餐之后，还会偷盗一些蜂蜜，将其藏在身体里，然后在工蜂的欢送下，大摇大摆、镇定自若地飞出蜂房。

狡猾的狐狸

在许多童话和民间故事里,狐狸的狡猾和奸诈给人们留下了深刻的印象。的确,在兽类中,狐狸是一种机智而又狡猾的动物。

狐狸长得像狼,但比狼小。由于分布地域的不同,狐狸的毛色有着很大的差别,既有黄褐色、灰褐色的草狐,也有火红色、赤褐色的红狐,还有毛色纯白或者全黑的白狐、黑狐。狐狸的分布地域很广,世界各地都能见到它们的踪迹。

动物本领

狐狸生活在草原、森林、半沙漠、丘陵地带，居住在树洞或土穴中，常在傍晚外出觅食，天亮时才回家。由于狐狸的嗅觉和听觉都很好，加上行动敏捷，所以常能捕捉到各种老鼠、蜥蜴、昆虫、野兔、小鸟、鱼、蛙和蠕虫等。狐狸有时候还会潜入农舍偷猎家禽、家畜。

当狐狸发现小鸟、野兔等猎物后，并不会立即上前追捕，而是装疯卖傻，比如翻筋斗、打把式，以及做出许多稀奇古怪的动作来吸引猎物的注意。趁着猎物们只顾好奇、放松警惕的时候，它们就会一边表演，一边偷偷地靠近猎物，直到距离缩短到只有几米远时，就会猛扑上去将猎物擒获。

有时，狐狸遭到猎狗的追击，它们就会飞快地逃进牛群，在牛粪上打个滚，然后再跑向别处。当猎狗追到牛群时，狐狸身上的气味早已消失，猎狗便失去了追击的目标。

狐狸常单独生活，生育时才会结成小群。它们的警惕性很高，当感觉自己周围的环境存在危险时，它们就会在当天晚上搬走，去一个安全的地方安家，以防不测。

动物王国探秘

白狐：深挖洞，广积粮

白狐主要分布在亚欧大陆和北美大陆地区树木较少的苔原地带。在欧洲，它们主要以旅鼠和田鼠为食，也吃野兔、鱼类，甚至还会袭击驯鹿和小牛。它们饥饿时显得有点饥不择食，也吃植物的果实、浆果等，或漫游海岸捕捉贝类，甚至连动物的尸体它们也不嫌弃。

许多鸟类也是它们袭击的目标。白狐常在海鸥、鸭和许多沿岸鸟的鸟巢周

围窥探，伺机捕食小鸟、鸟蛋甚至捕杀成鸟。白狐会游泳，可以到达最遥远的岛屿，还能穿过浮冰，必要时它们还能在浮冰之间游泳，到达一些人类几乎无法靠近的地方。

白狐的聪明之处，若借用我们人类常用的一句话来说就是"深挖洞，广积粮"。

白狐"深挖洞"体现在：它们喜欢在丘陵地带筑巢，且长期居住。它们的巢高约30厘米，面积约1平方米，入口处有近20厘米高、30厘米宽，在150~180平方米的范围内一般都有几个出入口。若遇到暴风雪天气，它们可以待在窝里一连几天都不出去。若一个出入口遭受袭击，它们还可以从另一个出入口逃走。它们很爱惜自己的巢穴，年年都会对其进行一些维修和扩展。

"广积粮"体现在：夏天，当食物丰富时，白狐会把一部分食物储存起来。当它们捕获到较多的猎物而又吃不了时，它们会将剩余的部分带回窝里，并储存在石头下、石缝中或者埋在地下，等到了冬天捕获不到食物时再慢慢享用。它们所挖的地窖可以储存很多食物，有人曾经发现在一只白狐的地窖里储存有50只旅鼠和40只小海鹦。这些动物还几乎按着一定的顺序摆放着，尾巴都朝着同一个方向。

动物王国探秘

动物界的共生现象

在动物世界里,有些动物并不是血腥地你争我斗,而多是和平共处。动物学家称这种现象为"共生现象",也就是"共同生存"的意思。

寄居蟹与沙蚕、海葵

寄居蟹与沙蚕、海葵之间的关系就是"共生现象"中一个典型的例子。寄居蟹的身体比较柔弱,所以,它总是会寻找一个坚硬的海螺壳作为自己的房子。在海螺壳中,还有另一位无可奈何的房客——沙蚕。沙蚕一般是在寄居蟹搬来之前就已经被困在了海螺壳里面。寄居蟹会和沙蚕同居共饮,它们是非常好的邻居。

还有一位房客,那就是寄生的海葵,它也会搬过来凑热闹,不过,它一般住宿在海螺壳的外面。寄居蟹常会在它寄

动物本领

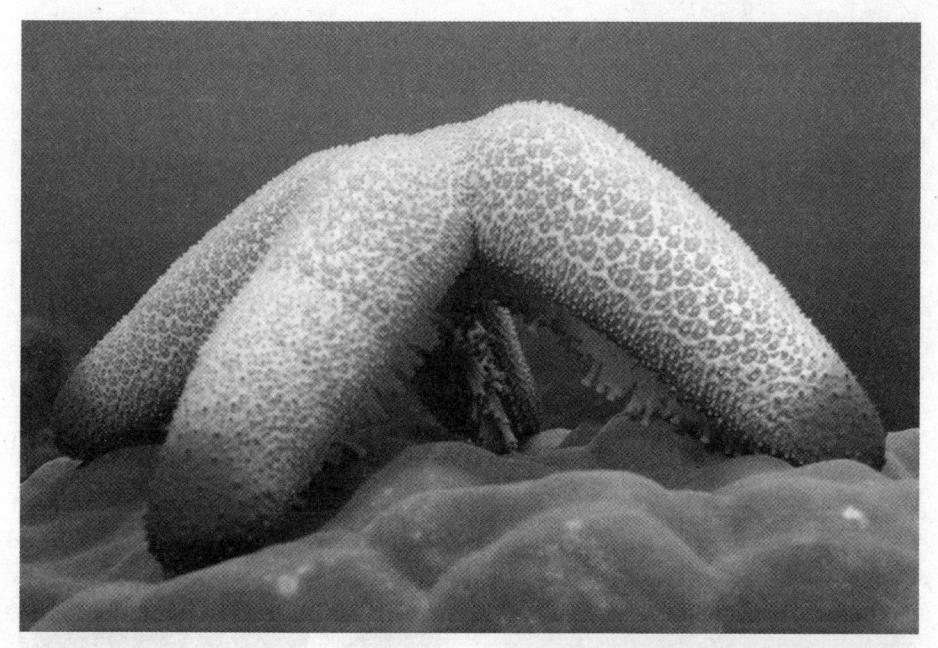

居的螺壳上驮一个海葵作为随身护卫。海葵的触手善于螫刺，这样就使寄居蟹的天敌不敢靠近。海葵保护寄居蟹的同时，也可以跟随寄居蟹到处走动，扩大觅食范围，同时还能获得充足的食物。一段时间后，寄居蟹就会因身体逐渐长大而不得不再迁入到更大的空螺壳中。虽然换了居所，但它却不会抛弃随身的护卫。在即将迁居前，它会先伸螯轻敲海葵作为信号，海葵就会放开旧壳，然后寄居蟹用螯捡起海葵，一起入住新居。

动物王国探秘

棕啄木鸟与树蚁

棕啄木鸟和树蚁之间的合作关系具有暂时性。分布在印度及东南亚地区的棕啄木鸟，喜食树蚁，它们常会啄出很多条隧道，一直通向树蚁的巢中。树蚁的巢有足球般大小，棕啄木鸟常会将卵产在里面。虽然啄木鸟喜欢吃树蚁，但树蚁能赶走任何接近蚁巢的生物，所以啄木鸟在孵卵期是不吃树蚁的，这样一来，树蚁就能帮助它们保护鸟卵。

动物本领

蜜鸟与食蜜鸟

生活在非洲热带地区的蜜鸟，常会和自己的伙伴一起合作觅食，那是一种能带领蜜鸟找到蜂蜜的小鸟，人们将它称为"食蜜鸟"。食蜜鸟一旦发现蜂巢，就会发出特殊的叫声，以引起附近蜜鸟的注意，然后再带领蜜鸟到蜂巢去获取蜂蜜。蜜鸟皮粗毛厚，不怕被蜂螫，它会不慌不忙地用前爪捣破蜂巢，再吃里面的蜜。食蜜鸟则在蜂巢的碎片中拣食自己最爱吃的蜜蜂幼虫和蜜蜂。因食蜜鸟体态小，没有足够的力气去捣破蜂巢，它与蜜鸟合作就能得到自己无法获取的美食，而蜜鸟则靠食蜜鸟来寻获不易发现的美食。

动物们的防御战术

动物们的防御战术是确保自己能够生存下去的关键，只有保护好自己才能尽可能多地繁衍下一代。

一些动物依靠速度来逃脱敌人的追捕，或依靠隐藏及与环境融为一体来躲避危险。一些动物拥有化学防御能力，然而许多做不到这一点的动物则会假装拥有。一些动物靠自己身体上的角或长牙等来保护自己，一些动物则会搭建防御性的设施，而其他动物在身处绝境时则常靠行为适应性来逃脱食肉动物的追击。

逃　跑

逃跑往往是最好的自卫方式，如瞪羚可以借助自己快速的奔跳来逃脱绝大部分敏捷的食肉动物的追击。还有很多动物会选择向空中逃逸的方式，像跳虫这样的小动物，会用像弹弓一样的附肢将身体向高处弹射。大多数的鸟和昆虫可以借助翅膀飞到安全的地方，而飞蜥则会从树上滑下，依靠滑行来脱离险境。飞鱼通常可以蹿出水面，滑翔数百米来逃避水下食肉动物的捕食。

化学防御

许多小动物都依靠体内的化学物质来保护自己，它们可以使其他动物感到不适或使它们中毒。

那些用化学物质来保护自己的动物，不是去躲避其他动物的侵袭，而总是用鲜亮的警戒色来宣告它们能释放难闻的气味。警戒色通常包括红色、黄色和黑色。许多动物如箭毒蛙，常用鲜亮的蓝色和绿色来警示那些食肉动物。食肉动物在品尝了味道不好的动物后，就会尽量避开这些带有警戒色的动物。昆虫通常是在幼虫的时候从植物中获取这些用于自卫的化学物质。如黑脉金斑蝶在毛虫的时候便从有毒的乳汁草植物中获得了毒素。

一些较大型的动物也常用有毒物质来自卫。当蝾螈受到威胁时，就会用尖部带毒的肋骨刺破自己的皮肤；鸭嘴兽的后腿上也有毒刺；还有一种生活在巴布亚新几内亚的毒鸟，它们的身上披着带毒的羽毛。

动物王国探秘

模仿其他动物

生物学家将这种模仿其他动物的行为称为"警戒拟态"。如扁形虫、海蛞蝓，甚至有的鱼类都会模仿毒海参。危险的带刺动物像蚂蚁、蜜蜂和黄蜂也有很多仿效者，如无害的食蚜蝇就常仿效黄蜂。

一些不同的有毒物种有时会有相同的颜色和形状，这被称为"米勒氏拟态"。热带蝴蝶中的许多种类都属于米勒氏拟态。如果一种食肉动物咬过一种有毒的蝴蝶，那么它在以后的活动中就会避开所有与之相似的蝴蝶。也正因为如此，所有米勒氏拟态动物都会因食肉动物从前的不悦经历而得到生存的机会。

喷射防御

喷射防御比黏着防御要方便得多，一些动物常靠喷射毒液来抵御袭击者。一条喷射毒液的眼镜蛇常会猛然起身，从毒牙中吸取毒液，然后用力将毒液喷向敌人。另一种能喷射毒液的动物是黑色的胖尾蝎子，它们可以从长长的尾部顶端的球形物中喷出毒液。

蜘蛛、蛇和其他一些动物并不总是用毒液来驱赶那些攻击者，毒液仅仅是它们最后的手段，"干咬"通常就能奏效。然而，一些有毒的动物会敏捷地给敌人致命一击。雄性的悉尼漏斗网蛛会爬行数千米，穿过到处是食肉动物的地区，以寻求雌性配对。它们有随时可用的毒性极强的毒液，不像其他蜘蛛只是威胁敌人，而是杀死所有的拦路之敌。

其他防御

黏着防御

黏着防御是指一些小动物常会在它们逃跑的路线上分泌黏液来阻止袭击者。受到威胁的瓢虫会从它们的腿关节处挤出血液，这种黏稠的血液可以粘住敌人。还有一种白兵蚁身上分布有丰富的黏液腺，在与其他蚂蚁进行战斗的过程中，兵蚁会自己迸裂，它的突然死亡会释放出黏液，粘住蚂蚁并让其他的白蚁来消灭它们。柞蚕也常用黏液来保护自己，但这些黏液是从口器中喷出的。

身体防御

大多数动物都依靠自己的身体，包括刺、毛发和保护性的甲壳等来保护自己。当南美鸟蛛遭到攻击时，它们会以极快的速度抖动身体，这样就会释放出一团毛状物，从而刺激侵袭者的口腔和鼻腔。为了增强抵御性，许多动物的毛发则进化成了刺状物，如豪猪的身上长有许多锋利的刺，刺猬的身上也长满了刺，在遇到危险时，刺猬会将自己蜷缩成一个刺球。

许多生有坚硬或多刺外壳的动物都可以蜷缩成一个球，这样，可以使侵袭者因难以下口而放弃捕猎。球潮虫一遇到危险就会像犰狳一样蜷起身体，乌龟则会把它们的头和肢体藏进它们的硬壳中。

动物本领

"父母典范"
——东方环颈鸻

在自然界中，有的鸟对自己生下的蛋和孵化的雏鸟完全不理不睬，有的鸟则会为了自己的孩子奋不顾身。它们常常会假装受伤，为的就是从外敌手中救出孩子。

其中，可以作为"父母典范"来介绍的，就是东方环颈鸻。东方环颈鸻体长17厘米左右，在鸻类里，它们是体型最小的一种。除了北极圈，在欧亚大陆几乎都能见到它们的踪迹。

东方环颈鸻的腹侧呈白色，背上及背侧均呈褐色，从喙到眼后生有黑色线，在颈部也有相同的色带。好像戴了项链一般，看上去非常漂亮。

东方环颈鸻常在河的中下游有很多小石子的河岸处筑巢、产卵。在海岸沙丘和旱田等地也能见到它们的窝巢。东方环颈鸻的巢是用枯草和小石子做成的，看上去很粗糙。在找不到筑巢材料时，它们有时也会直接在地面上挖一个浅坑凑合。看到这样的窝，怎么也感受不到它们对将要出生的孩子的关心。而事实上，它们的巢是经过精心设计筑成的，能巧妙地与周围的环境融为一体。乍一看似乎很不舒服，但实际上巢的排水和对卵的保护等条件都非常完善，而且很难被敌人发现。

东方环颈鸻在筑巢时更注重巢的质量，而不是外观。它们筑造的是一个最适

动物王国探秘

合自己孩子居住的窝。而且，它们有着惊人的技术，为了巢与所在的环境相融合而费尽功夫。例如，在小石子儿多的地方，它们的建材则以小石子儿为主，如果是在石头稍大一点的地方筑巢，那么它们的建材就会选那些稍大一点的石头。

东方环颈鸻夫妇会在这个舒适的窝里产下3~4个蛋。然后由它们夫妇不分昼夜地轮流孵化。这样大约25天后，小鸟就会破壳而出。几个小时以后，它们就能摇摇晃晃地在地上行走了。

令人不可思议的是，东方环颈鸻父母不会给自己刚出生的孩子喂食；所以，它们的孩子要学会自己觅食。不过，这并不表示它们对孩子缺乏照顾或者缺少爱。就像前面提到的，当敌人接近时，父母就会假装受伤来救孩子，这便是东方环颈鸻的"拟伤"行为。

那么，什么是"拟伤"呢？东方环颈鸻的敌人主要是人类，还有蛇、猫、狗、黄鼠狼等，鹰、鸢等肉食性鸟类也是它们的强敌。当这些敌人靠近时，父母就会飞到敌人眼前，然后装成受伤的样子，在地上一蹦一跳的，以引开敌人的视线，并且它们还会张开翅膀，做出痛苦挣扎的样子。当敌人想要捕捉它们时，它们就会相应地逃开一点距离，然后，再次做出痛苦挣扎的样子。亲鸟就是这样来吸引敌人追赶自己的。它们向着与孩子所在地相反的方向逃跑,当把敌人引到足够远的地方时,它们就会突然跃起,以逃脱敌人的追捕。这便是"拟伤"行为。

东方环颈鸻在保护幼鸟或蛋时,常需要把自己毫无防备的样子暴露给敌人,只要走错一步,它们自己就会变成敌人的口中之物。所以,说它们是舍身救子毫不为过。而幼鸟在临近危险时会让自己的身体紧贴地面,这样,它们就完全融入了周围的环境中,就像一块石头摆在那里,是非常安全的。

东方环颈鸻的幼鸟们跟着父母,边走边长大。1个月以后,它们就能在天空中自由地飞翔了,而这时,它们也成年了。虽然东方环颈鸻非常疼爱自己的孩子,愿意为了孩子舍弃自己的生命,但它们的孩子中能长成成鸟的,却非常少,仅有一两成。当幼鸟长到具有飞翔能力时,又会因为无法顺利找到食物,或是落入敌人口中而夭折。还有一些客观的环境方面的原因,比如大自然有时也会给它们非常残酷的打击。在梅雨时节,河流涨水,好不容易精心守护下来的蛋或幼鸟,会被洪水淹没。这个数量,比丧命在敌人手里的要多得多。而这时,东方环颈鸻是无能为力的。

动物王国探秘

动物的医病妙法

人都会生病,动物也不例外。当我们人类生病时,会向医生求助,但生活在大自然中的野生动物们要是生了病或是受了伤又是如何来治疗的呢?

别担心,很多动物都会用野生植物来给自己治病。

研究资料表明,有些动物自己或相互间有时还会寻找天然药物来治病祛疾、强身健体。这些药物其实就是我们人类所说的"中草药"。而事实上,有些中草药我们就是在动物的"启发"下发现它的医疗作用的。

动物学家认为,动物的这种"自诊自疗"的能力既是动物适应环境、求得生存的一种本能,也是它们在几百万年的进化过程中逐渐积累起来的一种智慧。不久前,英国科学家哈里森发现,动物的父母在教子女捕食、避敌等生存能力时,还会巧妙地教会它们如何治病除疾。他认为,人类可以从动物们的这种奇特的自我医治与保健中受到启发,开拓一个新的仿生学领域。

动物本领

天然药材

野兔——马莲、蛛丝

能跑善跳的野兔患了肠炎以后，就会四处奔波，寻找干枯的马莲来吃，吃过不久，肠炎之痛就会减轻直至消失。如果受伤了，它们还会用蜘蛛网上的黏丝来止血。科学家们经试验后发现，蜘蛛网具有很好的消炎、止血、止痛功效。于是人们向兔子学习把这种蜘蛛网作为止血、止痛的药材应用到了现代医学中，效果甚佳。

蛇——云南白药

有人看到一条被樵夫的利斧砍掉一大段尾巴的蛇，负伤窜入了灌木丛中，并从一株植物上咬下了几片叶子，将其嚼烂后敷在了自己身体的伤痛部位，片刻之后，血就被止住了。人们发现了这种植物的神奇功效，便将这种植物采撷后加入到了治疗跌打损伤的药方中，其止血的疗效更加显著了，这便是誉满全球的云南白药。

动物王国探秘

狗——半边莲

有一种专治毒蛇咬伤的草药，名叫"半边莲"，它是由我国古代的一名蛇医发现的。一次，这名蛇医外出给人治病，路上，他看见一条狗被蛇咬伤后，往山里一阵猛跑，他急忙跟着这条狗想去看个究竟。那条狗正在吃长在山坡背面阴湿地面上的一种草，吃完后它的蛇毒症状就消失了。蛇医把这种草带回了家，经确认后，他发现原来是一株半边莲。此后蛇医便将其用于治疗毒蛇咬伤，疗效显著。

黑熊——松脂

如果熊的身体受了伤，它们就会用松脂来涂抹伤口，效果显著。

猴子——金鸡纳树

生活在南美洲热带森林中的动物们非常容易得一种疾病——疟疾，一旦染上这种疾病，就会高烧不退，身体因寒冷而发抖、打寒战。这种疾病是通过蚊子传播的。生活在这里的猴子一旦被蚊子传染上疟疾，便会马上食用一种名为"金鸡纳树"的树皮，只需几分钟，症状就会消失，猴子又可以像平时一样活蹦乱跳了。

长臂猿——香树叶子

有人在美洲看到了一只长臂猿，发现它的腰上有一个大疙瘩，还以为它长了什么肿瘤呢！仔细一看，才发现长臂猿受了伤。那个大疙瘩，是它自己敷的一堆嚼过的香树叶子。这是印第安人用来疗伤的一种草药，长臂猿也知道它的疗效，所以用它来疗伤。

野猪——藜芦草

野猪非常贪吃，常会到处觅食。如果它们吃了有毒的东西，就会又吐又泻，这时它们就会急急忙忙去寻找藜芦草来吃，吃后会呕吐不止。藜芦草里面含有一种生物碱，有催吐的作用，野猪吃了藜芦草，就有助于它们将吃过的有毒的东西吐出来。以吐治泻，是一种治疗肠胃炎非常有效的方法。

动物王国探秘

大象——泥灰石

大象生病以后，会找很多具有医疗作用的野草和水草吃，如果找不到，它们就会吞服大量的泥灰石。人们对泥灰石的化学成分进行了检验，发现泥灰石中含有丰富的氧化镁、钠和硅酸盐，对身体的一些疾病有治疗作用。

黄羊——"山泪"

在乌兹别克斯坦，猎人们常常遇到一件怪事儿：受了伤的野兽总是朝一个山洞跑。有一个猎人决定将它查个水落石出。一天，又有一只受伤的黄羊朝山洞方向跑去，猎人就跟踪到隐蔽的地方观察，只见那只黄羊跑到峭壁跟前，把受伤的身子紧紧贴在上面。没过多久，这只

流血过多、身体十分虚弱的黄羊就恢复了体力,然后它离开了峭壁,朝陡峭的山崖跑去。猎人在峭壁上发现了一种黏稠的液体,像是黑色的野蜂蜜,当地人管它叫"山泪",原来,野兽们就是用它来治疗自己的伤口的。

科学家们对"山泪"进行了研究,发现这是一种含有多种微量元素的物质,其中所含的微量元素达30种之多。"山泪"是受到阳光的强烈照射而产生的,它可以使伤口快速愈合,还能使折断的骨头复原。用它来治疗骨折,比一般的治疗方法效果要好得多。在我国的新疆、西藏等地也发现了多处有"山泪"的地方。

海豹——海藻

海豹受伤后会觅食一种具有愈合功能的海藻。

动物王国探秘

鹿——豆类植物

当鹿中了猎人的毒箭后,就会迅速寻找豆类植物的茎叶食用,用以解毒自救。

吐绶鸡——安息香树叶

在北美洲南部,生活着一种野生的吐绶鸡,也叫"火鸡"。它们长着一张稀奇古怪的脸,人们又称它们为"七面鸟"。如果大雨淋湿了小吐绶鸡的身体,它们的父母就会让它们吞下一种苦味草药——安息香树叶,来预防感冒。中医认为,安息香树叶具有解热镇痛、预防感冒的功效。

物理疗法

泥浆浴

野猪经常在深山老林里四处跑动，皮肤上常会伤痕累累，这时，它们便会跑到泥潭里去打滚，使全身都沾满泥巴。这是一种泥浆浴，就好比人类给伤口上药和包扎一样，先使伤口与外界隔离，然后再靠身体自身的抵抗力来使伤口复原。

野牛的皮肤上长癣后，会长途跋涉到湖边，在泥浆中先进行彻底的"沐浴"，然后再爬上岸，慢慢将泥浆晾干，之后，又会再跑到湖里"沐浴"，直到把癣治好为止。

洗泥浆浴并非野牛的"专利"，犀牛和河马等动物也有这个爱好。因为泥浆浴不仅能治病疗伤，还能有效预防疾病。

湿敷

湿敷是医学上的一种消炎方法，猩猩常用这种方法来治病。如果得了牙髓炎，猩猩就会把湿泥涂到自己的脸上或嘴里，等消炎后，再拔掉病牙。

温泉浴

温泉浴是一种物理疗法。有趣的是，熊和獾也会用这种方法来给自己或子女治病。

美洲黑熊有个习惯，年纪一大，就喜欢跑到含有硫黄的温泉里洗澡，因为这种

动物王国探秘

温泉浴对它们的老年性关节炎有良好的疗效。

当獾发现自己的"子女"得了皮肤病后，就会带领小獾到温泉里浸泡，以消炎解毒，直到身体痊愈。

美洲灰狼一年到头都在含有硫黄的泉水中洗澡，以确保身体健康。

蚂蚁浴

在俄罗斯境内的某一林区经常可以看到一些有气无力的狗獾，它们躺在蚁巢里任蚁群撕咬它们的身体。原来，这些狗獾巧妙地利用了蚂蚁撕咬时分泌的蚁酸来医治风湿病或寄生虫病。看来，许多风餐露宿的猎人喜食蚂蚁粉和蚂蚁制品是具有一定科学道理的。

如今，用蚂蚁制品来治疗风湿病或增强机体的抗病能力，不能不说是一种触类旁通、由此及彼的运用。

截肢手术

豹

  1961年，日本一家动物园里一头小豹的左"胳膊"被一只大狗咬伤，骨头也断了。兽医给它做了骨折部位的复位手术，打上了石膏，缠上了绷带。没想到，手术后的第二天，小豹就把石膏绷带咬碎了，还把受伤的"胳膊"从关节的地方咬断了。鲜血马上流了出来，小豹接着又用舌头舔伤口，不一会儿，血就凝固了。胳膊断了以后，伤口渐渐长好了，小豹给自己做了一次成功的"外科截肢手术"。小豹好像知道，骨折以后伤口会化脓，后果是很危险的。经过自我治疗，它终于保住了性命。

动物王国探秘

蚂蚁

　　昆虫学家曾经仔细观察了一场蚂蚁的激战：一只蚂蚁向对方发起猛烈攻击，而另一只蚂蚁只是实行自卫防御，结果它的一条腿被折断了。原来这并不是一场真正的格斗，而是蚂蚁在给受伤的同伴做截肢手术，并且做得很成功。

动物本领

复位治疗

如果黑熊的肚子被对手抓破了,即使内脏都露了出来,它也能把内脏塞回去,然后再躲到一个安静的角落里"疗养"几天,等待伤口愈合。

如果青蛙被石块击伤,内脏从口腔里露了出来,它就会始终待在原地不动,然后慢慢将内脏吞进肚里,直到3天以后身体复原,它就又能跳到池塘里捉虫子了。

动物们是多么聪明啊!这便是它们的一种复位治疗方法。

动物王国探秘

自我治疗

当动物们中毒、生病时，它们的自救行为常让人类惊叹。

狼和山犬能够自己收缩胃肌。当它们怀疑自己吃了有毒的食物后，便会立即收缩胃肌，把胃里的东西吐出来，以防中毒。

动物们不仅懂得自我治疗的方法，而且还知道一些积极的预防措施，能有效防止疾病发生。

鳄鱼在冬眠前，会吞下不少石头、粗木块，以及其他一些不容易消化的东西。原来，鳄鱼是怕自己在冬眠的时候，消化器官的功能会减弱，就先吃下一些坚硬的东西，让胃不停地工作。

寻找"医生"

生活在海洋中的鱼类，因受微生物、寄生虫等的侵袭常常会生病，也有的鱼在打斗中受伤后，伤口会感染化脓。这些病鱼、伤鱼就需要到海洋里的"治疗站"求医治疗。

有一种名叫圣尤里塔的小鱼，是海洋中最多的鱼。当生病或负伤的鱼登门"求医"时，它们便会伸出尖尖的嘴来清除"患者"伤口上坏死的组织以及鱼鳃、鱼鳞、鱼鳍上的寄生虫、微生物等。这样，既能使鱼的身体恢复健康，又能让"鱼医生们"饱餐一顿。它们的"医疗站"一般设在珊瑚礁、海草茂盛的高地、水中突兀的岩石上以及沉船残骸的附近。

动物王国探秘

动物也能当"福尔摩斯"

动物虽然不具备语言能力,却有着人类不具备的特殊能力,警犬便是一个例子,它们能帮助人类破案。其实,能帮助人类破案的动物远不止警犬一种,快来看看它们的故事吧!

警犬勇擒毒枭

泰国警官霍亚达驯养了一只警犬名叫"丽丝"。丽丝不但颇通人性、认真负责,而且对毒品特别敏感。海洛因、鸦片、吗啡,无论数量多少,无论藏得多么隐秘,都

动物本领

逃不过丽丝的鼻子。

一次，霍亚达接到一项抓捕毒枭泰文龙的任务。据可靠情报，泰文龙将在码头交易毒品，于是霍亚达带着警犬丽丝来到了码头，借着掩护向泰文龙一伙靠拢。狡猾的泰文龙似乎意识到有危险，立即中止了交易，并吩咐手下携货向四面八方分开逃窜。霍亚达见状迅速向泰文龙追去，早已按捺不住的丽丝也一跃而出，旋风般地扑向了泰文龙。狡诈的泰文龙忙向大街逃去。霍亚达和丽丝追到一家电影院门前时，泰文龙忽然不见了。霍亚达揣测泰文龙肯定在里面。可是一进电影院，他傻了眼，数千名观众正在看电影，人山人海中如何抓住泰文龙呢？霍亚达正一筹莫展的时候，丽丝悄悄地钻到座椅下面匍匐前进，不一会儿便从人群中传来了丽丝的咆哮声和一个男人的哀嚎声。霍亚达连忙从人群中冲了过去，只见丽丝正和泰文龙搏斗呢！他连忙给泰文龙戴上了手铐。"丽丝是如何在人海里准确无误地抓到泰文龙的呢？"一些同事好奇地问霍亚达。霍警官笑笑说："毒枭泰文龙身上那股淡淡的海洛因气味是逃不过丽丝的鼻子的。"

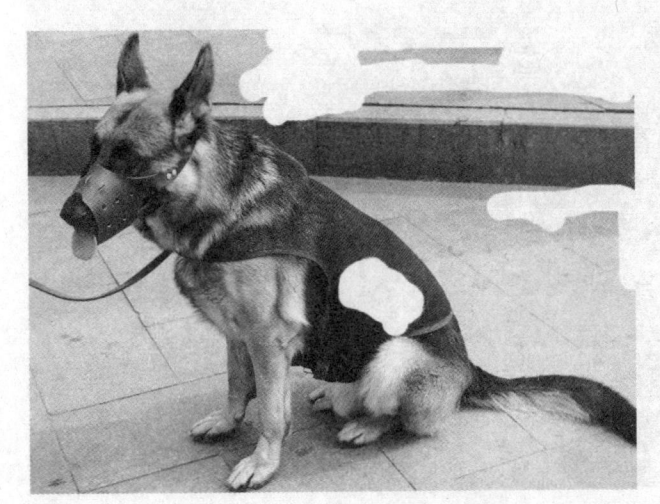

147

猴子确认真凶

印度新德里的一条大街上有个耍猴人,叫比西西。他有只叫"吉米"的猴子聪明乖巧,能表演十分滑稽的动作,常把观众逗得捧腹大笑,最后大家都纷纷慷慨解囊,因此比西西每天的收入都相当可观。望着比西西那胀鼓鼓的钱袋,一个叫哈利的小偷早就看红了眼,他躲在远处,见比西西收摊后就悄悄跟上了他。然而比西西并不知道自己遇到了麻烦,他像往常一样挑着道具、牵着吉米走进饮食店饱餐一顿后,又打了一壶酒,向自己的落脚处——一座大桥桥墩下走去。这座桥墩能遮风挡雨,并且还很清静,没有人打扰。

此时已近黄昏,比西西把吉米用铁链锁在石柱上,自己则靠在道具箱上喝着

酒，不一会儿就烂醉如泥地昏睡过去。躲在暗处的哈利见时机已到，便悄悄摸了过去。机灵的吉米似乎意识到这个人不怀好意，立即一边"吱吱"叫个不停，一边用力挣扎着，无奈铁链牢牢地锁着它。当哈利的贼手快要摸到钱袋时，比西西被吉米的叫声惊醒了，他想爬起来却感到手脚发软。哈利惊慌之下抓起一块石头朝比西西的头部猛击数下，然后抢下钱袋后逃之夭夭。

　　当警方发现这起凶案时，比西西已经身亡多时了，警方只得将吉米暂时带回警局喂养。数月后，一名警察抓获了一个行窃者，在警局录口供时，正在和众警员逗乐的猴子吉米一看到这个人便立刻显得狂怒异常，挣脱绳索猛扑到那个人身上乱抓乱咬。众警员非常惊奇，立即对该犯人进行审讯，原来这个人正是杀害耍猴人比西西的凶手哈利。

动物王国探秘

鸽子绝处报案

一只极普通的信鸽帮主人报案，从而救了主人一家四口人的性命，并因此使警方抓获了罪行累累的杀人犯奥特托。

事情的经过是：一个周末的晚上，住在美国洛杉矶郊外的艾利达一家正在准备晚饭，这时，门铃响了。艾利达刚打开门，一支黑洞洞的枪口就抵在了他的脑门上，原来这名威胁者是来抢劫的。不过令奥特托没有想到的是，在他进门的那一瞬间飞出去的那只鸽子径直飞到离艾利达家最近的警察局报了警。警方在鸽子的带领下迅速赶到了现场，救了艾利达一家，并将奥特托逮捕归案。